信息学竞赛宝典

动态规划

张新华 胡向荣 伍婉秋 ◉ 编著

人民邮电出版社

北京

图书在版编目（CIP）数据

信息学竞赛宝典．动态规划 / 张新华，胡向荣，伍婉秋编著．-- 北京 ：人民邮电出版社，2024.2
ISBN 978-7-115-62036-1

Ⅰ．①信… Ⅱ．①张… ②胡… ③伍… Ⅲ．①动态规划－自学参考资料 Ⅳ．①TP3

中国国家版本馆CIP数据核字(2023)第114927号

内容提要

动态规划（Dynamic programming，DP；简称动规）在算法竞赛中占据极其重要的位置，也是初学者在刚接触算法设计时难以理解的知识点。简单来说，动态规划是一种用来解决最优化问题的算法思想，将一个复杂的问题分解成若干个子问题，通过综合子问题的最优解来得到原问题的最优解，通常适用于解决有重叠子问题和最优子结构性质的问题。

为了帮助初学者理解动态规划，本书直接以各类竞赛真题入手，全面细致地介绍算法竞赛中经常用到的各类动态规划算法模型，并精挑细选、由浅入深地安排了相关习题。

本书可以作为《信息学竞赛宝典 基础算法》的进一步学习资料，也可以供有一定编程基础的读者作为学习动态规划算法的独立用书。

◆ 编　　著　张新华　胡向荣　伍婉秋
责任编辑　赵祥妮
责任印制　陈　犇

◆ 人民邮电出版社出版发行　　北京市丰台区成寿寺路 11 号
邮编　100164　　电子邮件　315@ptpress.com.cn
网址　https://www.ptpress.com.cn
三河市兴达印务有限公司印刷

◆ 开本：787×1092　1/16
印张：14　　　　　　2024 年 2 月第 1 版
字数：320 千字　　　　2024 年 2 月河北第 1 次印刷

定价：69.90 元

读者服务热线：(010) 81055410　印装质量热线：(010) 81055316
反盗版热线：(010) 81055315
广告经营许可证：京东市监广登字 20170147 号

本书编委会

主　任： 刘建祥　江玉军

副主任： 宋建陵　梁靖韵

成　员： 严开明　张新华　谢春玫

胡向荣　葛　阳　徐景全

马心睿　黎旭明　袁颖华

伍婉秋　黎伟枝　黄钰彬

钟腾浩　刘路定　热则古丽

前言

PREFACE

算法竞赛介绍

随着计算机逐步深入人类生活的各个方面，利用计算机及其程序设计来分析、解决问题的算法在计算机科学领域乃至整个科学界的作用日益显著。相应地，各类以算法为主的编程竞赛也层出不穷：在国内，有全国青少年信息学奥林匹克联赛（National Olympiad in Informatics in Provinces，NOIP）；在国际上，有面向中学生的国际信息学奥林匹克竞赛（International Olympiad in Informatics，IOI），面向亚太地区中学生的信息学学科竞赛——亚洲与太平洋地区信息学奥林匹克（Asia-Pacific Informatics Olympiad，APIO），以及由美国计算机协会（ACM）主办的面向大学生的国际大学生程序设计竞赛（International Collegiate Programming Contest, ICPC）等。

各类编程竞赛要求参赛选手不仅具有深厚的计算机算法功底、快速并准确编程的能力和创造性的思维，而且具有团队合作精神和抗压能力，因此编程竞赛在高校、IT 公司等社会各界中获得了越来越广泛的认同和重视。编程竞赛的优胜者更是微软（Microsoft）、谷歌（Google）、百度等全球知名 IT 公司争相高薪招募的对象。除了各类参加编程竞赛的选手外，很多不参加此类竞赛的研究工作者和从事 IT 行业的人士，也都希望能获得这方面的专业训练并从中获益。

为什么要学习算法?

经常有人说："我不学算法也照样可以通过编程开发软件。"那么，为什么还要学习算法呢？

首先，算法（algorithm）一词源于算术（algorism），具体地说，算法是一个由已知推求未知的运算过程。后来，人们把它推广到一般过程，即把进行某一工作的方法和步骤称为算法。一个程序要完成一个任务，其背后大多会涉及算法的实现，算法的优劣直接决定了程序的优劣。因此，算法是程序的"灵魂"。学好了算法，就能够设计出更加优异的软件，并以非常有效的方式实现复杂的功能。例如，要设计一个具有较强人工智能的人机对弈棋类游戏，程序员没有深厚的算法功底是根本不可能实现的。

其次，算法是对事物本质的数学抽象，是初等数学、高等数学、线性代数、计算几何、离散数学、概率论、数理统计和计算方法等知识的具体运用。真正懂计算机的人（不是"编程匠"）在数学上有相当高的造诣，他们既能用科学家的严谨思维来求证问题，也能用工程师的务实手段来解决问题——这种思维和手段的最佳演绎之一就是"算法"。学习算法能锻炼我们的思维，使思维变得更清晰、更有逻辑、更有深度和广度。学习算法更是培养逻辑推理能力的非常好的方法之一。因此，学习算法，其意义不仅在于算法本身，还会对我们日后的学习、生活和思维方式产生深远的影响。

最后，学习算法本身很有趣味。所谓“技术做到极致就是艺术”，当一个人真正沉浸到算法研究中时，他会感受到精妙绝伦的算法的艺术之美，也会被它巧夺天工的构思深深震撼，并从中体会到一种不可言喻的美感和愉悦感。当然，算法的“优雅”与“精巧”虽然吸引人，却也令很多人望而生畏。事实证明，对很多人来说，学习算法是一件非常有难度的事情。

本书的特色及用法

本书各章的内容划分仅为方便读者学习，并不代表划分标准的准确性和唯一性，例如“第 7 章 路径问题”；也不代表某一类型的题目仅有一种对应的解决方法，例如在“第 9 章 动态规划的简单优化”中，读者可初步体验到一题多解的思维碰撞，还可以在“第 18 章 动态规划的高级优化”中深入学习一些复杂的优化技巧。

本书收集了常见的动态规划题型，是目前市面上同类书中讲解较细致、有丰富例题和习题的动态规划算法专项训练书籍。读者如果能按照书中的内容安排，认真做好每一道题，相信定能在各类算法竞赛中一展身手。但这并不代表本书涵盖了所有类型的动态规划题目，例如换根动态规划算法、插头动态规划算法等未涉及。

考虑到读者的接受程度差异，书中在引入新知识点时题目会提供完整参考代码以供读者参考；但随着读者对此知识点的理解逐步加深，后续的同类型题目将逐步向仅提供算法思路、提供伪代码和无任何提示的方式转变。此外，对于一些思维跨度较大的题目，本书会酌情给予读者一定的提示。

本书的第 19 章没有提供对应的 PPT 和视频，读者可运用本书所学知识，尝试独立解决该章的综合训练题目。

拓展与练习说明

为节省篇幅，同时提供在线评测环境，本书的拓展与练习中仅提供题目编号与名称，读者可在网站 www.magicoj.com 中检索并练习。

适合阅读本书的读者

本书可作为 NOIP 的复赛教材，以及 ACM-ICPC 的参考和学习用书，还可作为计算机专业学生、IT 工程师、科研人员、算法爱好者的参考和学习用书。

致谢

感谢全国各地中学、大学的信息学奥林匹克竞赛指导教师们，他们给本书提了许多真诚而有益的建议，并对编者在写书过程中遇到的一些困惑和问题给予了热心的解答。

本书使用了 NOIP 的部分原题、在线评测网站的部分题目，并参考和收集了其他创作者发表在互联网、杂志等媒体上的相关资料，无法一一列举，在此一并表示衷心感谢。

感谢卷积文化传媒（北京）有限公司的 CEO 高博先生和他的同事。

最后要说的话

受编者水平所限，书中难免存在不妥之处，欢迎读者指正。读者如果在阅读过程中发现任何问题，请发送电子邮件到 hiapollo@sohu.com。同时，希望读者能对本书提出建设性意见，以便修订再版时改进。

本书对应的题库网站正在不断完善中，网址为 www.magicoj.com。

愿本书的出版能够给学有余力的中学生、计算机专业的大学生、程序算法爱好者和 IT 从业者提供学习计算机科学的机会。

广州市第六中学强基计划基地教材编委会
2023 年 11 月

资源与支持

资源获取

本书提供如下资源：

- 本书源码
- 配套 PPT
- 讲解视频

要获得以上资源，您可以扫描下方二维码，根据指引领取。已购买本书的读者单击“非异步社区购买登记”，根据指引完成登记即可在线观看视频。

提交勘误

作者和编辑尽最大努力来确保书中内容的准确性，但难免会存在疏漏。欢迎您将发现的问题反馈给我们，帮助我们提升图书的质量。

当您发现错误时，请登录异步社区（https://www.epubit.com/），按书名搜索，进入本书页面，点击“发表勘误”，输入勘误信息，点击“提交勘误”按钮即可（见下图）。本书的作者和编辑会对您提交的勘误进行审核，确认并接受后，您将获赠异步社区的 100 积分。积分可用于在异步社区兑换优惠券、样书或奖品。

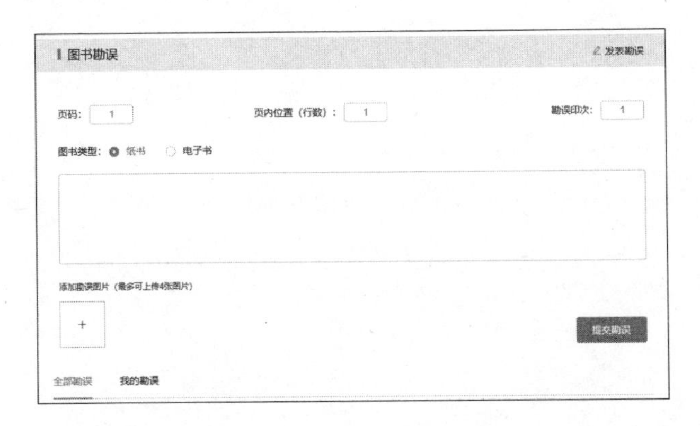

与我们联系

我们的邮箱是 contact@epubit.com.cn。

如果您对本书有任何疑问或建议，请您发邮件给我们，并在邮件标题中注明本书书名，以便我们更高效地做出反馈。

如果您有兴趣出版图书、录制教学视频，或者参与图书翻译、技术审校等工作，可以发邮件给我们。

如果您所在的学校、培训机构或企业，想批量购买本书或异步社区出版的其他图书，也可以发邮件给我们。

如果您在网上发现有针对异步社区出品图书的各种形式的盗版行为，包括对图书全部或部分内容的非授权传播，请您将疑似有侵权行为的链接发邮件给我们。您的这一举动是对作者权益的保护，也是我们持续为您提供有价值的内容的动力之源。

关于异步社区和异步图书

“**异步社区**”（www.epubit.com）是由人民邮电出版社创办的 IT 专业图书社区，于 2015 年 8 月上线运营，致力于优质内容的出版和分享，为读者提供高品质的学习内容，为作译者提供专业的出版服务，实现作者与读者在线交流互动，以及传统出版与数字出版的融合发展。

“**异步图书**”是异步社区策划出版的精品 IT 图书的品牌，依托于人民邮电出版社在计算机图书领域 30 余年的发展与积淀。异步图书面向 IT 行业以及各行业使用 IT 技术的用户。

目录

CONTENTS

第 1 章　最长不下降子序列问题

1.1 最长不下降子序列

【题目描述】最长不下降子序列（LIS）POJ 2533

由 n 个数组成的序列 a[n]，若有下标（又称索引）$i_1 < i_2 < \cdots < i_L$，且 $a[i_1] \leqslant a[i_2] \leqslant \cdots \leqslant a[i_L]$，则称存在一个长度为 L 的不下降序列。

例如序列 13,7,9,16,38,24,37,18,44,19,21,22,63,15 中，13 ⩽ 16 ⩽ 38 ⩽ 44 ⩽ 63，所以存在长度为 5 的不下降子序列。经过观察，还有长度为 8 的不下降子序列，即 7 ⩽ 9 ⩽ 16 ⩽ 18 ⩽ 19 ⩽ 21 ⩽ 22 ⩽ 63。

试编程求最长不下降子序列（又称最长上升子序列，Longest Increasing Sequence，LIS）。

【输入格式】

第 1 行为 n（$1 \leqslant n \leqslant 100\,000$），表示 n 个数。第 2 行为 n 个数的值。

【输出格式】

一个整数，即最长不下降子序列的长度。

【输入样例】

4

1 3 1 2

【输出样例】

3

【算法分析】

表 1.1 的第 3 行表示该序列元素所能连接的最长不下降子序列的长度，因为每个元素本身的长度为 1，所以初始时均设为 1。第 4 行表示连接哪个元素以形成不下降子序列。

表 1.1

序列下标	1	2	3	4	5	6	7	8	9	10	11	12	13	14
序列数值	13	7	9	16	38	24	37	18	44	19	21	22	63	15
序列长度	1	1	1	1	1	1	1	1	1	1	1	1	1	1
连接位置	0	0	0	0	0	0	0	0	0	0	0	0	0	0

从左向右数第 2 个元素即 7，在它的前面仅有 1 个元素 13，且 13 > 7，因此无法连成不下降子序列。

第 3 个元素 9 的前面有 2 个元素，其中 7 < 9，因此 7 和 9 可以连成不下降子序列。修改 9 的序列长度为 1+1=2，并修改连接位置为 2，即 7 的序列下标，如表 1.2 所示。

表 1.2

序列下标	1	2	3	4	5	6	7	8	9	10	11	12	13	14
序列数值	13	7	9	16	38	24	37	18	44	19	21	22	63	15
序列长度	1	1	2	1	1	1	1	1	1	1	1	1	1	1
连接位置	0	0	2	0	0	0	0	0	0	0	0	0	0	0

第 4 个元素 16 的前面有 3 个元素，3 个元素的值均小于 16，因此都可以和 16 连成不下降子序列。显然将 9 与 16 连起来的不下降子序列最优。因为 9 的序列长度最大，所以修改 16 的序列长度为 2+1=3，并修改连接位置为 3，即 9 的序列下标，如表 1.3 所示。

表 1.3

序列下标	1	2	3	4	5	6	7	8	9	10	11	12	13	14
序列数值	13	7	9	16	38	24	37	18	44	19	21	22	63	15
序列长度	1	1	2	3	1	1	1	1	1	1	1	1	1	1
连接位置	0	0	2	3	0	0	0	0	0	0	0	0	0	0

依次类推，最后的表格应如表 1.4 所示，其中单元格有底色的数值构成的序列为最长不下降子序列。

表 1.4

序列下标	1	2	3	4	5	6	7	8	9	10	11	12	13	14
序列数值	13	7	9	16	38	24	37	18	44	19	21	22	63	15
序列长度	1	1	2	3	4	4	5	4	6	5	6	7	8	3
连接位置	0	0	2	3	4	4	6	4	7	8	10	11	12	3

由表 1.4 可知，最长不下降子序列的长度为 8。如果题目有要求，则还可回溯连接位置，输出最长不下降子序列的每个元素。

根据以上分析，用 dp[i] 表示前 i 个元素的最长不下降子序列的长度，得到状态转移方程：dp[i]=max{dp[j]}+1（其中 a[j] ≤ a[i] 且 $j < i$），时间复杂度为 $O(n^2)$。

参考代码如下。注意：该代码无法通过数据规模较大的数据。

```
//最长不下降子序列 —— 朴素算法
#include <bits/stdc++.h>
using namespace std;

int a[100005],dp[100005];

int main()
{
  int n,longest=1;                                  //最小长度至少为1
  scanf("%d",&n);
  for (int i=1; i<=n; ++i)
  {
    scanf("%d",&a[i]);
    dp[i]=1;
  }
  for (int i=2; i<=n; ++i)                          //从第2个元素开始
  {
    for (int j=1; j<i; j++)                         //比较前面的元素
      if(a[j]<=a[i] && dp[j]+1>dp[i])
        dp[i]=dp[j]+1;
    longest=max(dp[i],longest);
  }
  printf("%d\n",longest);
  return 0;
}
```

在维护一个有序数列时，若要插入一个数 x，则可以通过二分查找的方法找到合适的位置后插入该数。根据此方法，可以利用序列的单调性将最长不下降子序列的时间复杂度优化到 $O(n\log n)$。

考虑定义一个数组 f[ ]，用于保存长度为 i 的不下降子序列中的最后一个数。例如序列 1,2,4,3，其中有 1 ≤ 2 ≤ 4 和 1 ≤ 2 ≤ 3 两个长度为 3 的最长不下降子序列，则 f[1]=1，f[2]=2，f[3]=3（因为由 3 和 4 连起来的不下降子序列的长度均为 3，且 3 在 4 的后面）。但是并不是说数组 f[ ] 里保存的就一定是最长不下降子序列的元素，例如序列 13,7,9,16,38,24,37,18,44,19,21,22,63,15，有一个最长不下降子序列 7 ≤ 9 ≤ 16 ≤ 18 ≤ 19 ≤ 21 ≤ 22 ≤ 63。最终数组 f[ ] 里的值如图 1.1 所示。可以看到，f[3] 的值是 15，不是 16，这是因为后面出现的 15 覆盖了之前 f[3] 的值。

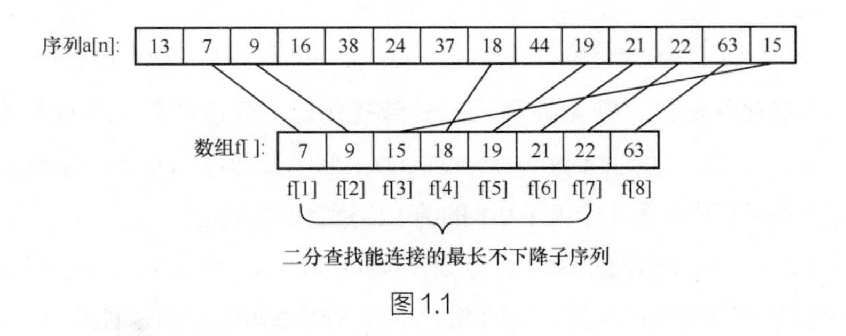

图 1.1

设 longest 为当前找到的最长不下降子序列的长度。若插入的数 $x \geqslant$ f[longest]，则显然有 f[longest+1]=x，longest++；否则在 f[1]~f[longest-1] 中查找到能连接的最长子序列后，会将 x 连接到最后（贪心算法思想：将 x 连接到短的子序列后面不划算）。例如图 1.1 中，序列中最后一个数 15 能连接的最长子序列为 7,9，长度为 2，则 f[3]=15。

参考代码如下。

```
1   //最长不下降子序列 —— 贪心 + 二分查找算法
2   #include <bits/stdc++.h>
3   using namespace std;
4
5   int a[100005],f[100005];
6
7   int main()
8   {
9     int n,longest=0;
10    memset(f,-1,sizeof(f));                          //要初始化为 -1
11    cin>>n;
12    for(int i=1; i<=n; i++)
13    {
14      cin>>a[i];
15      if(f[longest]<=a[i])                           //若插入的数≥ f[longest]
16        f[++longest]=a[i];                           //将 a[i] 连接到最后
17      else
18      {
19        int L=0,R=longest;
20        while(L<=R)                                  //二分查找合适的位置
21        {
22          int mid=(L+R)>>1;
23          if(f[mid]<=a[i])
24          {
25            L=mid+1;
26            if(f[L]>a[i])
27              break;
28          }
29          else
30            R=mid-1;
31        }
32        f[L]=a[i];                                   //保存 f[L] 值
33      }
34    }
35    cout<<longest<<endl;
36    return 0;
37  }
```

若需进一步优化代码量，则无须手写二分查找代码，直接使用标准模板库（Standard Template Library，STL）里的 upper_bound(a,b,val) 函数即可。因为使用该函数能直接二分查找到 [a,b] 这个有序区间内第 1 个大于 val 的值（以指针的形式返回）。

若需要输出最长不下降子序列中的所有元素，则可以定义一个数组，如 pos[ ]，用于记录每个元素在最长不下降子序列中的位置。例如表 1.5 中，longest=8 且 pos [13]=8，可知 a[13]（即

63）是最长不下降子序列中的最后一个数；pos[12]=7，可知 a[12]（即 22）是最长不下降子序列中的倒数第 2 个数；pos [11]=6，可知 a[11]（即 21）是最长不下降子序列中的倒数第 3 个数（虽然 pos[9] 也等于 6，但 pos[11] 是最后更新的值）；……依据此法一直逆推到最长不下降子序列中的第 1 个数，再按顺序输出各元素即可。

表 1.5

序列下标	1	2	3	4	5	6	7	8	9	10	11	12	13	14
序列数值	13	7	9	16	38	24	37	18	44	19	21	22	63	15
数组 pos[]	1	1	2	3	4	4	5	4	6	5	6	7	8	3

参考代码如下。

```
1   //最长不下降子序列 — STL 二分查找算法
2   #include <bits/stdc++.h>
3   using namespace std;
4
5   int f[100005], pos[100005], a[100005];
6
7   int main()
8   {
9     int n,longest=1;
10    scanf("%d",&n);
11    for(int i=1; i<=n; ++i)
12      scanf("%d", &a[i]);
13    f[1]=a[1];
14    pos[1]=1;
15    for(int i=2; i<=n; ++i)
16    {
17      if(f[longest]<=a[i])
18      {
19        f[++longest]=a[i];
20        pos[i]=longest;
21      }
22      else
23      {
24        int j=upper_bound(f+1,f+longest+1,a[i])-f;// 当前地址 - 首地址 = 当前下标
25        f[j]=a[i];
26        pos[i]=j;
27      }
28    }
29    printf("%d\n", longest);
30
31    stack <int> st;                                    // 以下为输出最长不下降子序列各元素的代码
32    for(int i=n, j=longest; i>=1 && j!=0; --i)   // 使用堆栈逆序存入最长不下降子序列的元素
33      if(pos[i]==j)
34      {
35        st.push(a[i]);
36        --j;
37      }
```

```
38    while(!st.empty())                          //顺序输出最长不下降子序列的元素
39    {
40      printf("%d ", st.top());
41      st.pop();
42    }
43    return 0;
44  }
```

1.2 抄近路

【题目描述】抄近路（shortline）

琳琳每天要从家走到车站，她家小区到车站的道路被分成许多个正方形的块，共有 $N\times M$ 个。有的方块表示房屋，所以琳琳只能沿着附近的街道行走；有的方块表示公园，那么琳琳就可以直接沿对角线穿过去。

请你帮琳琳计算一下从家到车站的最短距离。

【输入格式】

第一行是 N 和 M（$0 < N, M \leqslant 1\ 000$）。注意：琳琳家在方块 (1,1) 的西南角，车站在方块 (M,N) 的东北角。每个方块的边长为 100 米。接下来的一行是整数 K，表示可以沿对角线穿过的方块数。然后有 K 行，每行有两个数，表示一个坐标。

【输出格式】

输出最短距离，四舍五入到整数，单位为米。

【输入样例】

```
3 2
3
1 1
3 2
1 2
```

【输出样例】

```
383
```

【算法分析】

本题可以通过从左到右、从下到上逐格递推的方式推导出结果。

下面进一步分析问题的本质。

如果不能斜穿公园，那么无论怎么走，最短距离都是一样的，所以要找到最短距离，需要尽可能多地斜穿公园。如图 1.2 所示，在由粗线条连起来的最优路径中，经过的公园按横坐标递增和纵坐标递增考虑，这显然是一个最长不下降子序列问题。

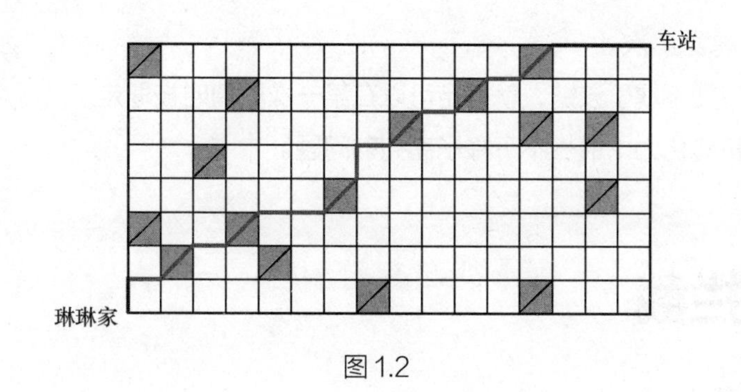

图 1.2

1.3 宝藏

【题目描述】宝藏（treasure_map）ZJU 2283

一张 $N \times M$ 的地图上有 P 个宝藏，探险者每次可以向右或者向下走一步，求最少要走多少步才能找到所有的宝藏。

【输入格式】

第一行有 3 个整数，分别为 N、M 和 P（$1 \leqslant N$，$M \leqslant 10\,000\,000\,000$，$P \leqslant 100\,000$）。余下 P 行分别为每个宝藏的横、纵坐标。

【输出格式】

一个整数，即次数。

【输入样例】

```
7 7 7
1 2
1 4
2 4
2 6
4 4
4 7
6 6
```

【输出样例】

```
2
```

【算法分析】

从最简单的地图考虑，如果探险者每次只能向右或者向下走，那么可以发现无论如何都必须要走两步才能走完图 1.3 所示的两个点。

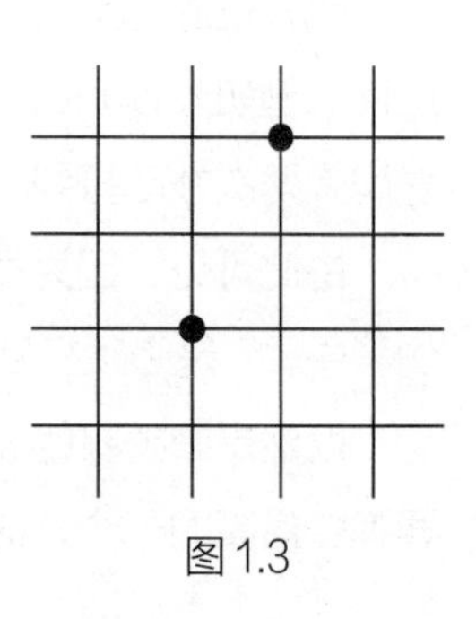

图 1.3

由此可以推断出，如果有 K 个点连成这样从右上向左下的链，那么

取完这 K 个点至少需要 K 次。

而其余的点，只要不属于该链，就肯定可以在某一次取值时被取走。

所以，该问题可转化为求最长不下降子序列的问题。

1.4 导弹拦截

【题目描述】导弹拦截（missile）

A 国开发出一套导弹拦截系统，这套导弹拦截系统有一个缺陷：虽然它的第一发炮弹能够到达任意的高度，但是以后每一发炮弹的高度都不能高于前一发炮弹的高度。某天，A 国雷达捕捉到 B 国的导弹来袭，但由于该系统还在试用阶段，且只有一套，因此有可能不能拦截所有的导弹。

计算这套系统最多能拦截多少导弹。如果要拦截所有的导弹，则最少要配备多少套这种导弹拦截系统?

【输入格式】

在一行中输入若干个整数（整数个数≤ 100 000），用来表示每个导弹在空中的高度（雷达给出的高度数据是不大于 30 000 的正整数）。

【输出格式】

在一行中输出两个整数，第一个整数表示这套系统最多能拦截多少导弹，第二个整数表示要拦截所有导弹最少要配备多少套这种导弹拦截系统。

【输入样例】

389 207 155 300 299 170 158 65

【输出样例】

6 2

【样例说明】

6 为最多能拦截的导弹数，2 为要拦截所有导弹最少要配备的导弹拦截系统套数。

【算法分析】

第一问是经典的动态规划问题——求最长不上升子序列。

比较难的是第二问，如果用最直观的贪心算法，也许能通过一些测试数据，但也很容易找到反例。例如 6 5 1 7 3 2，如果第一次选择最长序列 6 5 3 2 发射炮弹，则剩下的 1 和 7 还需再发射炮弹两次才能打到。而最好的方案应该是 6 5 1 和 7 3 2。

由此可见，因为每个导弹都要打到，故应该把注意力放在“打到每一个导弹”上。在上一个例子中，7 是必须打到的，因为它是最高的，所以必有一次拦截是以 7 开头的。

既然是必须打的，那么打 7 的同时可以顺便打一打其他的。打哪些呢？答案应该是打后面的导弹中最高的一个，这里设为 K。打 K 等于是“白打”，而对于 7 和 K 之间的导弹，如果打了任何一个就一定不能再打 K 了（因为 K 最高）。

类似地，下一个目标是 K 后面的导弹中的最高的。

实际上，该题第二问最简单的解法是使用 Dilworth 定理：一个序列中不上升子序列的最小覆盖数等于序列中最长不下降序列的长度。

1.5 和谐俱乐部

【题目描述】和谐俱乐部（beautiful）SGU 199

某个私人俱乐部有 N 个会员，每一个会员都是既美丽又强壮的（以 A 代表强壮值，以 B 代表美丽值），但他们都有一个缺点，就是爱嫉妒。例如 i 会员嫉妒 j 会员的条件是：$A_i \leqslant A_j$ 并且 $B_i \geqslant B_j$，$A_i \geqslant A_j$ 并且 $B_i \leqslant B_j$。但是如果 j 会员的美丽值和强壮值都不如 i 会员，则 i 会员会忽视 j 会员的存在；而如果 j 会员的美丽值和强壮值都高于 i 会员，则 i 会员会非常尊敬 j 会员。

俱乐部经理准备组织一次舞会，但是他担心各会员之间会因为嫉妒而引发争斗。所以，邀请哪些会员前来参加舞会实在是让经理伤脑筋。那么，精通计算机编程的你，能告诉经理该给哪些会员发送邀请函及邀请的人数最多是多少吗？

【输入格式】

第一行为整数 N（$2 \leqslant N \leqslant 100\ 000$），代表 N 个会员。剩下 N 行为每个会员的 A 值和 B 值（$1 \leqslant A_i$，$B_i \leqslant 10^9$）。

【输出格式】

输出最多邀请人数。

【输入样例】

```
4
3 2
2 1
5 5
1 2
```

【输出样例】

```
3
```

【算法分析】

这是一道求最长不下降子序列的题，但略微有些难度，关键是有两个序列，即 A 和 B，我们可以先对 A 序列进行由小到大的排序，B 序列会随 A 序列的变动而变动。

假设输入样例如下：

```
4
3 2
```

2 1
5 5
1 2

定义一个二维数组 a[5][N]，数组内容如表 1.6 所示。

表 1.6

序号	*A* 值	*B* 值	最长序列数（初始为 1）
1	3	2	1
2	2	1	1
3	5	5	1
4	1	2	1

对 *A* 值进行不下降排序，排序的同时，序号与 *B* 值也会随之变动，如表 1.7 所示。

表 1.7

序号	*A* 值	*B* 值	最长序列数（初始为 1）
4	1	2	1
2	2	1	1
1	3	2	1
3	5	5	1

现在问题转化为求 *B* 序列的最长不下降子序列的问题了。

1.6 滑雪

【题目描述】滑雪（ski）

小光喜欢滑雪，因为这项运动很刺激。为了获得更快的速度，滑的区域必须向下倾斜。因此，小光滑到坡底后，不得不再次走路或坐缆车到坡顶。小光想知道在一个区域中最长滑坡的长度。滑坡的长度由滑过点的个数来计算，区域由一个二维数组给出，二维数组的每个数字代表点的高度。

例如有样例：

1 2 3 4 5
16 17 18 19 6
15 24 25 20 7
14 23 22 21 8
13 12 11 10 9

一个人可以从某个点滑向上下左右相邻的 4 个点中的一个点。当且仅当高度减小时，在上面的例子中，一条可行的滑坡为 25→24→17→16→1。当然，25→24→23→…→2→1 更长，事实上这是最长的一条。

【输入格式】

输入的第一行为表示区域的二维数组的行数 R 和列数 C（$1 \leqslant R$，$C \leqslant 100$）。随后有 R 行，每行有 C 个代表高度的数。

【输出格式】

输出一个整数，即最长的滑坡长度。

【输入样例】

```
5 5
1 2 3 4 5
16 17 18 19 6
15 24 25 20 7
14 23 22 21 8
13 12 11 10 9
```

【输出样例】

```
25
```

【算法分析】

对于任意一个点 [i][j]，当它的高度小于与之相邻的 4 个点的高度时，可以从这 4 个点滑向点 [i][j]。用 f[i][j] 表示到点 [i][j] 的最大长度，则 f[i][j]=max{f[i+a][j+b]}+1，其中 i+a 和 j+b 代表其周围 4 个点的坐标。为了在计算出 f[i][j] 之前计算出 f[i+a][j+b]，需要对高度进行排序，然后从大到小规划高度，最后再比较所有的 f[i][j]，找出其中最长的一条路线。

但如果用记忆化搜索算法，则不需要进行排序，且能保证每个点的路径只求一次，只需利用递归算法逐点求出区域中此点的最长路径。

一般说来，动态规划总要遍历所有的状态，而搜索可以排除一些无效的状态，特别是搜索可以进行剪枝，因此搜索在空间开销上往往比动态规划要低很多。

如何解决动态规划的高效率与高开销之间的矛盾呢？

有一个折中的办法就是使用记忆化搜索算法。使用记忆化搜索算法在求解的时候还是按照自顶向下的顺序，但是每求解一个状态，就将解保存下来，以后再次遇到这个状态的时候，就不必重新求解了。这种方法综合了搜索和动态规划的优点。

参考代码如下。

```
1    //滑雪
2    #include <bits/stdc++.h>
3    using namespace std;
4    const int DX[4]= {-1,0,1,0};                     //横坐标的增量数组
```

```
5    const int DY[4]= {0,1,0,-1};                        //纵坐标的增量数组
6
7    int m[101][101],f[101][101];
8    int r,c;
9
10   int Search(int x,int y)                             //求到点(x,y)的最长路径
11   {
12     if(f[x][y]>0)                                     //如果此点出发的路径长度已求出
13       return f[x][y];                                 //则无须递归
14     f[x][y]=1;                                        //自身初始长度就是1
15     for(int i=0; i<=3; i++)                           //从4个点中搜索能到达点(x,y)的点
16     {
17       int nx=x+DX[i];                                 //加上横坐标增量
18       int ny=y+DY[i];                                 //加上纵坐标增量
19       if(nx>=1 && nx<=r && ny>=1 && ny<=c && m[x][y]<m[nx][ny])
20         f[x][y]=max(Search(nx,ny)+1,f[x][y]);         //递归进行记忆化搜索
21     }
22     return f[x][y];
23   }
24
25   int main()
26   {
27     scanf("%d%d",&r,&c);
28     for(int i=1; i<=r; i++)
29       for(int j=1; j<=c; j++)
30         scanf("%d",&m[i][j]);
31     int ans=0;
32     for(int i=1; i<=r; i++)
33       for(int j=1; j<=c; j++)
34       {
35         f[i][j]=Search(i,j);
36         ans=max(f[i][j],ans);
37       }
38     printf("%d\n",ans);
39     return 0;
40   }
```

1.7 拓展与练习

- 301007 金矿
- 301008 友好城市
- 301009 合唱团

第 2 章　背包问题

2.1 简单背包问题

【题目描述】简单背包问题（Backpack）

一个背包可以放入的物品的最大质量为 S。现有 N 个物品，它们的质量均为正整数，分别为 $W_1,W_2,W_3,\cdots,W_N$。从 N 个物品中挑选若干个放入背包，使得它们的质量之和正好为 S。若成功，则输出放入背包的各个物品的质量，否则输出“Failed!”。

【输入格式】

第一行为两个整数，即 S 和 N（$S < 1\,000$，$N < 32$）。第二行为 N 个整数，即 N 个物品各自的质量。

【输出格式】

若成功（答案非唯一），则输出放入背包的各个物品的质量，一个物品的质量占一行；否则输出“Failed!”。

【输入样例】

```
10 5
1 2 3 4 5
```

【输出样例】

```
1
4
5
```

【算法分析】

容易想到的方法是将物品逐个放入背包内试验，设布尔函数 Bag(s,n) 表示从剩下的 n 个物品中寻找合适的物品放入剩余可容纳质量为 s 的背包，如果有解返回 1，否则返回 0。

从取最后一个物品开始：

（1）取最后一个物品 W_n，调用 Bag(s,n)；

（2）如果 $W_n=s$，则结束程序，输出结果；

（3）如果 $W_n < s$，且 $n > 1$，则求 Bag($s-W_n$,$n-1$)；

（4）如果 $W_n > s$，且 $n > 1$，则删除 W_n，从剩下的 n-1 个物品中继续找，即求 Bag(s,n-1)。

递归结束的条件如下：

（1）W_n=s（放入物品的质量正好等于背包剩下能装的质量）；

（2）$W_n \neq s$（无解）；

（3）$n \leqslant 0$（没有物品可试）。

但实际上问题并不是这么简单，因为由选取并放入物品的质量很可能无法获得正确的结果。例如 s=10，物品的质量分别为 1、6、2、7 和 5，如果第一次选择 W_n=5 的物品放入背包，则后面再怎么选择也不可能成功。正确的做法是排除 W_n=5 的物品，从 W_n=7 的物品开始选择才可能有正确答案，即 7+2+1=10。

因此 W_n 是否有效还要看后续的 Bag(s-W_n,n-1) 是否有解。如果无解，说明先前选取的 W_n 不合适，就要放弃 W_n，在剩余物品中重新开始挑选，即求 Bag(s,n-1)。

参考代码如下。

```
1   //简单背包问题 —— 递归算法
2   #include <bits/stdc++.h>
3   using namespace std;
4
5   int W[40];                          //各物品的质量
6
7   int Bag(int s,int n)                //s 为剩余质量，n 为剩余可选物品的数量
8   {
9     if(s==0)                          //如果剩余质量正好为 0，则成功
10      return 1;
11    if(s<0 || (s> 0 && n<1))          //如果 s<0 或 n<1，则不成功
12      return 0;
13    if(Bag(s-W[n],n-1))               //从后往前装，装上 W[n] 后，若剩余物品仍有解
14    {
15      cout<<W[n]<<"\n";               //则装进第 n 个包，并输出
16      return 1;
17    }
18    return Bag(s,n-1);                //如果装了第 n 个后无解则删除，尝试装第 n-1 个
19  }
20
21  int main()
22  {
23    int S,N;
24    scanf("%d%d",&S,&N);
25    for(int i=1; i<=N; ++i)
26      scanf("%d",&W[i]);
27    if(!Bag(S,N))
28      printf("Failed!\n");
29    return 0;
30  }
```

简单背包问题使用递归算法枚举了可能的组合，每一个枚举的物品有放和不放两种情况，其实现代码中已经隐含了接下来要讲到的 0/1 背包问题的算法设计思想。

2.2 0/1背包问题

【题目描述】0/1 背包问题（bag01）

有一个背包，最多能装质量为 m 的物品，现有 n 个不同的物品，它们的质量分别是 $W_1,W_2,\cdots,W_n$，它们的价值分别为 $C_1,C_2,\cdots,C_n$，求能装入的最大价值。

【输入格式】

第 1 行为 2 个整数 m 和 n（$1 \leqslant m,n \leqslant 1\,000$）。接下来的 n 行中，每行的 2 个整数 W_i 和 C_i 分别代表第 i 个物品的质量和价值。

【输出格式】

输出 1 个整数，即最大总价值。

【输入样例】

```
8 3
2 3
5 4
5 5
```

【输出样例】

```
8
```

在这道题里，物品要么被装入背包，要么不被装入背包，只有 2 种选择，因此该问题被称为 0/1 背包问题。我们可以使用穷举组合、贪心等算法，但是，使用穷举组合算法可能会超时，使用贪心算法不稳定，往往都得不出最优解，因此需要考虑使用动态规划算法。

设 f[i][x] 表示前 i 个物品装入承重为 x 的背包时的最大价值，则状态转移方程如下：

f[i][x]=max{f[i-1][x-W[i]]+C[i],f[i-1][x]}

表示装第 i 个物品，或不装第 i 个物品，这两种选择中取最大值。

f[n][m] 为最优解，边界条件为 f[0][x]=0，f[i][0]=0。

如果读者对上述公式不理解，可以使用表格法来分析。

边界条件 f[0][x]=0 和 f[i][0]=0，分别表示 0 个物品装入承重为 x 的背包的最大价值为 0，前 i 个物品装入承重为 0 的背包的最大价值为 0，如表 2.1 所示。

表 2.1

物品	各质量段背包的最大价值								
	0	1	2	3	4	5	6	7	8
0	0	0	0	0	0	0	0	0	0
1	0								
2	0								
3	0								

尝试装入第 1 个物品（W=2，C=3），各个质量段的背包能取得的最大价值如表 2.2 所示。显然，只要背包的承重大于或等于 2，最大价值就都为 3。

表 2.2

物品	各质量段背包的最大价值								
	0	1	2	3	4	5	6	7	8
0	0	0	0	0	0	0	0	0	0
1	0	0	3	3	3	3	3	3	3
2	0								
3	0								

尝试装入第 2 个物品（W=5，C=4），各个质量段的背包能取得的最大价值如表 2.3 所示。

表 2.3

物品	各质量段背包的最大价值								
	0	1	2	3	4	5	6	7	8
0	0	0	0	0	0	0	0	0	0
1	0	0	3	3	3	3	3	3	3
2	0	0	3	3	3	3	3	3	3
3	0								

这是因为第 2 个物品的质量为 5，所以背包的承重为 1~4 时，最大价值仍为 3。当承重大于或等于 5 时，有 2 种选择，在 2 种选择中取最大值即可。

（1）如果不装入该物品，则当前背包取得的最大价值不变，直接将上一行的值复制下来即可。

（2）如果要装入该物品，则要先将背包腾出 5 的质量空间。假设背包的承重为 x，腾出 5 的质量空间后：前一部分的质量空间是 x-5，用于装前 1 个物品，这部分的最大价值之前已经求出，即 f[1][x-5]；后一部分的质量空间是 5，装入该物品的最大价值为 4。因此，f[1][5-x]+4 为承重为 x 的背包装入该物品所能取得的最大价值。

所以根据状态转移方程 f[i][x]=max{f[i-1][x-W[i]]+C[i]，f[i-1][x]}，有：

f[2][5]=max{f[1][5-5]+4,f[1][5]}
　　=max{f[1][0]+4,f[1][5]}
　　=4

f[2][6]=max{f[1][6-5]+4,f[1][6]}
　　=max{f[1][1]+4,f[1][6]}
　　=4

f[2][7]=max{f[1][7-5]+4,f[1][7]}
　　=max{f[1][2]+4,f[1][7]}

　　=7
f[2][8]=max{f[1][8-5]+4,f[1][8]}
　　=max{f[1][3]+4,f[1][8]}
　　=7

依据此法尝试装入第 3 个物品（*W*=5，*C*=5），如表 2.4 所示。

表 2.4

物品	各质量段背包的最大价值								
	0	1	2	3	4	5	6	7	8
0	0	0	0	0	0	0	0	0	0
1	0	0	3	3	3	3	3	3	3
2	0	0	3	3	3	4	4	7	7
3	0	0	3	3	3	5	5	8	8

则 f[3][8] 为最终答案，即最大价值为 8。

参考代码如下。

```
//0/1 背包问题
#include <bits/stdc++.h>
using namespace std;

int w[1001],c[1001],f[1001][1001];

int main()
{
  int m,n;
  scanf("%d%d",&m,&n);
  for(int i=1;i<=n;i++)
    scanf("%d%d",&w[i],&c[i]);
  for(int i=1;i<=n; i++)                              // 枚举每个物品
    for(int j=1;j<=m; j++)                            // 枚举各质量段的背包
      if(j>=w[i])                                     // 物品 i 要能装入背包
        f[i][j]=max(f[i-1][j-w[i]]+c[i],f[i-1][j]);
      else
        f[i][j]=f[i-1][j];
  printf("%d\n",f[n][m]);
  return 0;
}
```

2.3 0/1背包算法的优化

在 0/1 背包问题的状态转移方程 f[i][x]=max{f[i-1][x-W[i]]+C[i],f[i-1][x]} 中，f[i][x] 由上一行

的 f[i-1][x-W[i]] 和 f[i-1][x] 的值推导而来，因此完全可以将二维数组 f[i][x] 改为一维数组 f[i] 来表示。

f[i] 数组的下标表示背包的最大承重，数值表示该承重下能装入的物品的最大价值。现在已经装好了第一个物品（W=3，C=3），如图 2.1 所示。

尝试装入第二个物品（W=5，C=4），此时搜索方向应为从后向前，先搜索到下标 11，根据公式可以计算出 f[11]=f[11-5]+4=7，如图 2.2 所示。

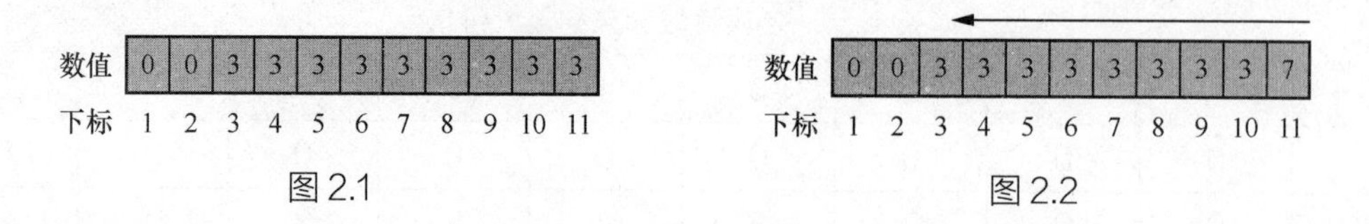

图 2.1　　图 2.2

再搜索到下标 10，此时下标 11 里面虽然已经装了第二个物品，但是由于每次计算都只会用到下标小于当前下标的数据，下标 11 之前的数据都是没有装进第二个物品的状态，因此这是在每个物品最多只能装入一个的情况下计算出来的数据，也就是所谓的 0/1 背包。

参考代码如下。

```
1   //0/1 背包 —— 优化算法
2   #include <bits/stdc++.h>
3   using namespace std;
4
5   int f[10001];
6
7   int main()
8   {
9     int m,n,w,c;
10    scanf("%d%d",&m,&n);
11    for(int i=1; i<=n; i++)                         //枚举每个物品
12    {
13      scanf("%d%d",&w,&c);
14      for(int j=m; j>=w; --j)                       //反向枚举背包承重
15        f[j]=max(f[j-w]+c,f[j]);
16    }
17    printf("%d\n",f[m]);
18    return 0;
19  }
```

2.4 分组背包问题

【题目描述】分组背包问题（kbag）

物品大致可分为 k（$k \leqslant 100$）组，同一组中的物品最多装一个，试求背包能装下的物品的最大价值。

【输入格式】

第一行为两个数 m（$0 \leqslant m \leqslant 1\,000$）和 n（$1 \leqslant n \leqslant 1\,000$），分别表示背包总承重和物品总数量。接下来的 n 行，每行有 3 个数 a_i、b_i 和 c_i，分别表示物品的质量、价值和所属组数。

【输出格式】

输出一个数，即背包能装下的物品的最大价值。

【输入样例】

46 3

10 10 1

10 6 1

60 300 2

【输出样例】

10

2.4.1 二维数组动态规划算法

判断一个分组当中的一个物品，同 0/1 背包问题一样，此物品存在两种状态，即取或者不取。若取此物品，则继续判断下一个分组的物品……我们可以把每一组看作一个物品，将问题转化为 0/1 背包问题。

设 stone[i][j] 保存第 i 组第 j 个物品的质量，其中 stone[i][0] 保存第 i 组的物品个数；设 w[i][j] 保存第 i 组第 j 个物品的价值；设 f[i][j] 保存前 i 组物品，且背包承重为 j 时能装下的最大价值。

状态转移方程如下：

f[i][j]=max{f[i-1][j],f[i-1][j-stone[i][k]]+w[i][k]}

其中 k 为 i 组内物品的编号。

状态转移方程中有 i、j 和 k 共 3 个变量，所以需要 3 重循环，且为了保证每组只取一个物品，最外层循环应为枚举组。

参考代码如下。

```
1  // 分组 0/1 背包 —— 二维数组动态规划算法
2  #include <bits/stdc++.h>
3  using namespace std;
4
5  int V,N,w[101][1001],f[101][1001],stone[111][1001],K=0;
6
7  int main()
8  {
9    cin>>V>>N;
10   for(int i=1,a,b,c; i<=N; i++)
11   {
12     cin>>a>>b>>c;
13     stone[c][++stone[c][0]]=a;             //stone[c][0] 存放 c 组物品的个数
```

```
14        w[c][stone[c][0]]=b;                      //w[c][0] 存放 c 组物品的价值
15        K=max(K,c);                               // 统计最多有多少个组
16      }
17      for(int k=1; k<=K; k++)                     // 枚举分组，组别从 1 开始
18        for(int i=0; i<=stone[k][0]; i++)         // 枚举该分组里的物品
19          for(int j=V; j>=stone[k][i]; j--)       // 从大到小逆序枚举背包承重
20            f[k][j]=max(f[k-1][j],max(f[k-1][j-stone[k][i]]+w[k][i],f[k][j]));
21      printf("%d\n",f[K][V]);
22      return 0;
23    }
```

可以看出，第 2 重循环的第 k 组中的所有物品的比较是互不干扰的，因为它们都是在前 k-1 个分组物品的基础上进行逐一比较的，这样就保证了同一组的物品最多只装了一个。

2.4.2 一维数组优化算法

我们可以使用优化的 0/1 背包算法的状态转移方程，但是当有一组物品最多只取一个的限制时，需要把枚举组中物品的循环放到枚举背包承重的循环下面。这样在背包承重不变的情况下，同一组的物品轮番进行比较，从中选出优胜者，就保证了每组物品最终最多只取一个。

参考代码如下。

```
1   // 分组 0/1 背包问题 —— 一维数组优化算法
2   #include <bits/stdc++.h>
3   using namespace std;
4
5   int stone[1001],w[1001],f[1001],ID[101][1001];
6
7   int main()
8   {
9     int m,n,K=0;
10    scanf("%d%d",&m,&n);
11    for(int i=1,c; i<=n; i++)
12    {
13      scanf("%d%d%d",&stone[i],&w[i],&c);
14      ID[c][++ID[c][0]]=i;                     //ID[c][x] 保存 c 组第 x 个石头的编号
15      K=max(K,c);                              //K 表示最多有多少组
16    }
17    for(int k=1; k<=K; k++)                    // 枚举组，放在循环最外面
18      for(int j=m; j>=0; j--)                  // 逆序循环背包承重，在枚举 k 组物品之上
19        for(int i=1; i<=ID[k][0]; i++)         // 枚举 k 组所有物品
20          if(stone[ID[k][i]]<=j)               // 如果枚举的物品可以装入背包
21            f[j]=max(f[j],f[j-stone[ID[k][i]]]+w[ID[k][i]]);
22    printf("%d\n",f[m]);
23    return 0;
24  }
```

2.5 拓展与练习

- 302004 采药
- 302005 简单背包问题 2
- 302006 货币面值
- 302007 数字分组 1
- 302008 数字分组 2
- 302009 最优选课
- 302010 购物问题
- 302011 预算

第 3 章　完全背包问题

3.1 完全背包

【题目描述】完全背包（FullKnapsack）

有一个背包，最多能装总质量为 m 的物品，现在有 n 种物品，每种物品的质量分别是 W[1],W[2],…,W[n]，每种物品的价值分别为 C[1],C[2],…,C[n]。若每种物品的个数足够多，求背包能装下的物品的最大总价值。

【输入格式】

第一行为两个整数，即 m（$1 \leqslant m \leqslant 2\ 000$）和 n（$1 \leqslant n \leqslant 300$）。之后每行有两个整数，分别表示每种物品的质量和价值。

【输出格式】

输出一个数，即背包能装下的物品的最大总价值。

【输入样例】

```
5 5
1 1
2 2
3 3
4 4
5 5
```

【输出样例】

```
5
```

【算法分析】

完全背包问题与 0/1 背包问题的区别在于，完全背包问题每种物品的数量都有无限个，而 0/1 背包问题每种物品的数量只有 1 个。所以，对于完全背包问题，每种物品已经不是只有取和不取这 2 种策略了，而是有取 0 个、取 1 个、取 2 个……直至取 $\lfloor m/W[i] \rfloor$ 个等多种策略。

如果仍然按照 0/1 背包问题的思路，令 f[i][v] 表示前 i 种物品放入一个承重为 v 的背包的最大值，则可以根据每种物品选择的不同策略写出状态转移方程：

f[i][v]=max{f[i-1][v-k×W[i]]+k×C[i]}（0 ≤ k×C[i] ≤ v）

伪代码如下。

```
1  for(i=1 → n)                                    // 枚举 n 个物品
2    for(j=0 → v)                                  // 枚举背包承重
3      for(k=0 → v/W[i])                           // 枚举当前物品取的个数
4        f[i][v]=max(f[i][v],f[i-1][j-k*W[i]]+k*C[i])
```

此算法的时间复杂度较大，需要考虑做进一步的优化。

3.2 完全背包算法的优化

背包问题实际上可以用一个数组 f[m] 来解决，数组下标表示背包的最大承重，数值表示该承重下能放的物品的最大总价值。数组的初始状态如图 3.1 所示。

假设放入第一个物品（W=2，C=1），则 f[1]=0，f[2]=1，如图 3.2 所示。

图 3.1　　图 3.2

计算 f[3] 的时候，在放入该物品和不放入该物品两种情况中取最大值，有 f[3]=max(f[3-2]+1,f[3])，计算出 f[3]=0+1=1，如图 3.3 所示。

计算 f[4] 的时候，在放入该物品和不放入该物品两种情况中取最大值，有 f[4]=max(f[4-2]+1,f[4])，计算出 f[4]=1+1=2，如图 3.4 所示。

图 3.3　　图 3.4

此时在 f[4] 里，实际上相当于放了两个这样的物品，如果 m 的值够大，那么可以放无限个这样的物品。以此方法递推出来的答案就是完全背包问题的答案。

所以设 f[x] 表示质量不超过背包承重 x 时能得到的最大价值，有状态转移方程：

f[x]=max{f[x-W[i]]+C[i]}（x ≥ W[i]，1 ≤ i ≤ n）

参考代码如下。

```
1  // 完全背包问题 —— 优化算法
2  #include <bits/stdc++.h>
3  using namespace std;
4
5  int f[10001];
6
```

```
7   int main()
8   {
9     int m,n;
10    cin>>m>>n;
11    for(int i=1,w,c; i<=n; i++)                          //枚举每一个物品
12    {
13      cin>>w>>c;
14      for(int j=w; j<=m; ++j)                            //枚举背包承重
15        f[j]=max(f[j-w]+c,f[j]);
16    }
17    cout<<f[m]<<endl;
18    return 0;
19  }
```

可以发现，算法经优化后，0/1 背包问题的代码与完全背包问题的代码几乎一致，只不过前者是从后向前计算的，后者是从前向后计算的。

3.3 拓展与练习

- 303002 储钱罐
- 303003 质数和分解
- 303004 收益
- 303005 货币系统
- 303006 邮票面值问题
- 303007 飞扬的小鸟

第 4 章　多重背包问题

4.1 多重背包

【题目描述】多重背包（Mbag）

现有 N（$N \leqslant 10$）种物品和一个容量为 V（$0 < V < 200$）的背包。第 i 种物品最多有 n[i] 个可用，每个占用的空间是 c[i]，价值是 w[i]。全部物品的总数不超过 50。求解将哪些物品装入背包可使这些物品占用的空间总和不超过背包容量，且价值总和最大。

【输入格式】

第 1 行为 2 个数字，即 v 和 N。接下来的 N 行，每行有 3 个数字，分别表示每种物品的占用空间、价值和数量。

【输出格式】

输出 1 个数，表示最大价值总和。

【输入样例】

```
8 2
2 100 4
4 100 2
```

【输出样例】

```
400
```

【算法分析】

只需将完全背包问题的状态转移方程略微改一下即可，因为对于第 i 种物品有 n[i]+1 种策略，即取 0 件、取 1 件……取 n[i] 件。用 f[i][v] 表示前 i 种物品恰好放入一个容量为 v 的背包的最大价值，则有状态转移方程：

$f[i][v]=\max\{f[i-1][v-k\times c[i]]+k\times w[i]\}$（$0 \leqslant k \leqslant n[i]$）

时间复杂度是 $O(V\times \Sigma n[i])$。

参考代码如下。

```
1   //多重背包 —— 动态规划
2   #include <bits/stdc++.h>
```

```
3   using namespace std;
4
5   int n[101],w[101],c[101],dp[101];
6
7   int main()
8   {
9     int V,N,ans=1e-9;
10    scanf("%d%d",&V,&N);
11    for(int i=0; i<N; i++)
12      scanf("%d%d%d",&c[i],&w[i],&n[i]);
13    for(int i=0; i<N; i++)                          //枚举物品
14      for(int j=0; j<n[i]; j++)                     //不超过该物品数
15        for(int k=V; k>=c[i]; k--)                  //枚举背包的空间
16        {
17          dp[k]=max(dp[k],dp[k-c[i]]+w[i]);
18          ans=max(dp[k],ans);
19        }
20    printf("%d\n",ans);
21    return 0;
22  }
```

二进制优化算法是将第 i 种物品拆分为若干个，拆分的每个物品都有一个系数，使这些系数分别为 $1,2,4,\cdots,2^{k-1},n[i]-2^{k+1}$，且 k 是满足 $n[i]-2^{k+1}>0$ 的最大整数。例如，如果 n[i] 为 13，就将这种物品分成系数分别为 1、2、4 和 6 的 4 个物品；如果 n[i] 为 20，就将这种物品分成系数分别为 1、2、4、8 和 5 的 5 个物品。此时每个物品的占用空间和价值均等于原来的占用空间和价值乘相应的二进制系数。

这种方法可以保证 $0,1,\cdots,n[i]$ 中的每一个整数均可以用若干个系数的和来表示。

这样就将第 i 种物品分成了 $O(\log n[i])$ 个，将原问题转化为了复杂度为 $O(V\times \sum\log n[i])$ 的 0/1 背包问题。

参考代码如下。

```
1   //多重背包 —— 二进制优化算法
2   #include <bits/stdc++.h>
3   using namespace std;
4
5   int dp[201],c[50],w[50];
6
7   int main()
8   {
9     int V, N,count=0;
10    scanf("%d%d",&V,&N);
11    for(int i=0,s,v,n; i<N; ++i)
12    {
13      scanf("%d%d%d",&s,&v,&n);
14      for(int j=1; j<=n; j<<=1)           //j 每次左移 1 位，依次为 1,2,4,…
15      {
16        c[count]=j*s;                     //占用空间乘相应的二进制系数
17        w[count++]=j*v;                   //价值乘相应的二进制系数
```

```
18            n-=j;
19          }
20          if(n>0)                                    //剩余未拆分的
21          {
22            c[count]=n*s;
23            w[count++]=n*v;
24          }
25        }
26        for(int i=0; i<count; ++i)                   //0/1 背包
27          for(int j=V; j>=c[i]; --j)
28            dp[j]=max(dp[j],dp[j-c[i]]+w[i]);
29        printf("%d\n",dp[V]);
30        return 0;
31      }
```

4.2 通天塔

【题目描述】通天塔（Elevator）POJ 2392

有 k（$1 \leqslant k \leqslant 400$）种不同类型的石材，已知每一种石材的高度为 h（$1 \leqslant h \leqslant 100$）、数量为 c（$1 \leqslant c \leqslant 10$），每一种石材的堆叠高度不能超过这种石材的最大建造高度 a（$1 \leqslant a \leqslant 40\,000$）。试求利用这些石材所能修建的通天塔的最大高度。

【输入格式】

第 1 行为 1 个整数，即 k。第 2 行到第 k+1 行每一行有 3 个整数，代表每种类型石材的 3 种具体情况，分别为高度 h、限制高度 a 和数量 c。

【输出格式】

输出 1 个整数，即修建的通天塔的最大高度。

【输入样例】

3
7 40 3
5 23 8
2 52 6

【输出样例】

48

【样例说明】

样例结果为 15+21+12=48，即最底下为 3 块 2 型石材，中间为 3 块 1 型石材，最上面为 6 块 3 型石材。放置 4 块 2 型石材和 3 块 1 型石材是不可以的，因为最上面的 1 型石材的高度超过了 40 的限制。

【算法分析】

设数组 dp[ ] 标记是否能达到的高度，例如 dp[10]=1 表示 10 的高度能达到，dp[8]=0 表示 8 的高度不能达到。尝试将指定了数量的各种类型的石材装入 dp[ ] 的背包内，这显然是一个标准的多重背包问题。

但要注意的是，必须先对每种石材的限制高度进行升序排列，只有这样做才能得到最优解；因为如果一开始就将高的石材放在前面，那么后面有低的石材就可能因高度的限制而无法被选到，这样是不能得到最优解的。

4.3 忙碌

【题目描述】忙碌（busy）HDU 3535

某一天老师安排了 n 组工作让小光完成，时间为 T，每个组中有 m 个工作，每一组工作有个分类值 s。s 为 0，表示该组工作至少要做一个；s 为 1，表示该组工作最多做一个；s 为 2，表示该组工作随意完成。完成每个工作均会花费一定的时间并获得一定的快乐值，求小光在 T 时间内可获得的最大快乐值。

【输入格式】

有多组测试数据，每组测试数据的第 1 行有 2 个整数 n 和 T（$0 \leqslant n, T \leqslant 100$），分别表示 n 组工作和时间 T。随后是 n 组描述，每组先有 2 个数字 m（$0 < m \leqslant 100$）和 s，分别表示该组有 m 个工作和该组工作的分类值；随后是 m 对数字 c_i 和 g_i（$0 \leqslant c_i, g_i \leqslant 100$），表示完成该工作需要花费的时间和获得的快乐值。

注意：一个工作只能做一次。

【输出格式】

输出 1 个数，即获得的最大快乐值。若不能完成，则输出“-1”。

【输入样例】

```
3 3
2 1 2 5 3 8
2 0 1 0 2 1
3 2 4 3 2 1 1 1
```

【输出样例】

```
5
```

【算法分析】

有的物品只可以取 1 次（0/1 背包），有的物品可以取无限次（完全背包），有的物品可以取的次数有上限（多重背包），这种问题称为混合背包问题。其算法如下。

如果第 i 个物品属于 0/1 背包，则用 0/1 背包状态转移方程；如果第 i 个物品属于完全背包，则用完全背包状态转移方程；如果第 i 个物品属于多重背包，则用多重背包状态转移方程。

伪代码如下。

```
1  for (i=1 → N)
2  {
3    if (第 i 个物品属于 0/1 背包)
4       0/1 背包状态转移方程
5    else if (第 i 个物品属于完全背包)
6       完全背包状态转移方程
7    else if (第 i 个物品属于多重背包)
8       多重背包状态转移方程
9  }
```

设数组 dp[i][j] 表示第 i 组工作剩余时间为 j 时的快乐值。每得到一组工作的快乐值就进行一次动态规划，所以 dp[i] 为第 i 组的结果。

下面分别对 3 种情况进行讨论。

第 1 种情况：至少选 1 项，即必须要选。那么在开始时，这一组的 dp 的初值应该全部赋为负无穷，这样才能保证不会出现都不选的情况。其状态转移方程为 dp[i][k]= max{dp[i][k],dp[i-1][k-cost[j]]+val[j],dp[i][k-cost[j]]+val[j] }。dp[i][k] 表示不选择当前工作；dp[i-1][k-cost[j]]+val[j] 表示选择当前工作，但是第 1 次在本组中选，由于开始将该组 dp 的初值赋为了负无穷，所以第 1 次选时，必须由上一组的结果推知，这样才能保证得到全局最优解；dp[i][k-cost[j]]+val[j] 表示选择当前工作，并且不是第 1 次选。

第 2 种情况：最多选 1 项，即要么不选，要么只能第 1 次选。所以状态转移方程为 dp[i][k]= max{dp[i][k],dp[i-1][k-cost[j]]+val[j]}。要保证得到全局最优解，在该组动态规划开始选之前，应该将上一组的动态规划结果先复制到这一组的 dp[i] 数组里，因为这一组的数据是在上一组的数据的基础上进行更新的。

第 3 种情况：任意选，即选、不选，或选几次都可以。显然，这时的状态转移方程为 dp[i][k]= max{dp[i][k],dp[i-1][k-cost[j]]+val[j],dp[i][k-cost[j]]+val[j] }。同样，为保证得到全局最优解，要先复制上一组的结果。

试编写本题的代码。

4.4 拓展与练习

- 304004 取款机
- 304005 均分魔法石
- 304006 硬币问题

第 5 章　二维费用背包问题

5.1 训练赛

【题目描述】训练赛（exam）

老师准备了一套训练赛的题目，一共 N 道，每道题都有一个分值。比赛规则：对于每道题目，要么做对拿到该题的全部分数，要么做错拿 0 分；做对一道题需要花费一定的时间 t_i 和体力 v_i。现给出训练赛的时间 T 和某选手的体力 V，试求该选手可能得到的最高分。

【输入格式】

第一行为两个整数 T 和 V（$0 \leqslant T \leqslant 1\,000$，$0 \leqslant V \leqslant 100$）。第二行为一个整数 N（$1 \leqslant N \leqslant 100$）。接下来的 N 行，每行有 3 个整数 g_i、t_i 和 v_i，分别代表第 i 道题的分值、花费的时间和花费的体力，保证所有值均不大于 2^{15}。

【输出格式】

输出一个数，表示能拿到的最高分。

【输入样例】

```
10 10
5
90 10 7
31 6 4
79 3 5
26 7 7
60 4 6
```

【输出样例】

```
110
```

【算法分析】

该题为二维费用的背包问题，即选择每个物品必须付出相应的两种代价，每种代价都有可获得的最大价值（背包容量）。问怎么选择物品才能得到最大价值。

很容易想到的是，因为费用增加了一维，所以状态转移方程也要相应地将状态增加一维。故可设 dp[i][j][k] 表示前 i 个物品付出 j 和 k 两种代价可获得的最大价值，则有状态转移方程：

dp[i][j][k]=max{dp[i-1][j][k],dp[i-1][j-t[i]][k-v[i]]+g[i]}

因为 dp 数组的第一维 i 总是由 i-1 推导而来，所以实际编程时可以通过滚动数组的方法舍去这一维，参考代码如下。

```
1   //训练赛
2   #include <bits/stdc++.h>
3   using namespace std;
4
5   int t[110],v[110],g[110];
6   int dp[1100][110];
7
8   int main()
9   {
10    int T,V,N;
11    scanf("%d%d%d",&T,&V,&N);
12    for(int i=1; i<=N; ++i)
13      scanf("%d%d%d",&g[i],&t[i],&v[i]);
14    for(int i=1; i<=N; ++i)                              //枚举物品
15      for(int j=T; j>=t[i]; --j)                         //逆序枚举状态 1
16        for(int k=V; k>=v[i]; --k)                       //逆序枚举状态 2
17          dp[j][k]=max(dp[j][k],dp[j-t[i]][k-v[i]]+g[i]);
18    printf("%d\n",dp[T][V]);
19    return 0;
20  }
```

可以看到，当每个物品只可以取一次时，枚举状态 1 和枚举状态 2 采用逆序的循环。

有时，“二维费用”的条件以一种隐含的方式给出：最多只能取 U 个物品。这相当于每个物品多了一种“个数”的费用，由于每个物品的个数费用均为 1，因此可以付出的最大个数费用为 U。

5.2 电脑游戏

【题目描述】电脑游戏（game）HDU 2159

小光在玩一款电脑（“计算机”的俗称）游戏，为了得到极品装备，他要不停地杀怪做任务。久而久之，小光开始对杀怪产生了厌恶感，但又不得不通过杀怪来升到最后一级。现在的问题是，小光升到最后一级还需要的经验值为 n，他还留有的忍耐度为 m；每杀一只怪，小光会得到相应的经验值，但会消耗相应的忍耐度。当忍耐度降到 0 时，小光就无法再玩该游戏。小光计划最多只杀 s 只怪，请问他能升到最后一级吗？

【输入格式】

输入的数据有多组，每组数据的第一行有 4 个正整数 n、m、k 和 s（$0 < n$，$m < 100$，$k < 100$，$s < 100$），分别表示还需要的经验值、保留的忍耐度、怪的种类数和最大杀怪数量。

接下来的 k 行数据，每行有两个正整数 a 和 b（$0 < a, b < 20$），分别表示杀掉一只怪小光会得到的经验值和会消耗的忍耐度（每种怪都有无数只）。

【输出格式】

输出升到最后一级还能保留的最大忍耐度。如果无法升到最后一级，则输出 -1。

【输入样例】

10 10 1 10

1 1

10 10 1 9

1 1

9 10 2 10

1 1

2 2

【输出样例】

0

-1

1

【算法分析】

本题涉及两个条件（忍耐度、杀怪数量），所以该题为二维费用的背包问题。设 f[i][v][u] 表示杀了 v 只前 i 种怪，且消耗了 u 忍耐度得到的最大经验值，则状态转移方程如下：

f[i][v][u]=max{f[i-1][v][u],f[i-1][v-1][u-b[i]]+a[i]}（$b[i] \leqslant u \leqslant m$，$1 \leqslant v \leqslant s$）

试编写本题的代码。

5.3 拓展与练习

- 305003 对抗赛
- 305004 收服精灵
- 305005 潜水员
- 305006 三角形

第 6 章　区间动态规划

6.1 书架问题1

【题目描述】书架问题 1（book）

琪儿有 N 本书，她现在需要做一个多层的书架来放这些书。已知每本书的宽度（厚度）为 W_i 以及高度为 L_i，书架的最大宽度为 S_w。

琪儿并不想把这些书的顺序打乱，她希望能够依次将它们放入书架。书必须按照正常方式放置，不能倒过来放。

现输入每本书的信息以及书架的最大宽度，试计算书架的最小高度。

【输入格式】

第 1 行有 2 个数 N 和 S_w、（$1 \leqslant N, S_w \leqslant 10\,000$）。接下来的 N 行，每行有 2 个整数 W_i 和 L_i，分别表示每本书的宽度和高度（均不超过 1 000）。

【输出格式】

仅输出 1 个数，表示书架的最小高度。

【输入样例】

```
5 5
2 1
1 2
1 3
2 3
2 2
```

【输出样例】

```
5
```

【样例说明】

第 1、2 本书放在第 1 层，第 3、4、5 本书放在第 2 层。这样第 1 层的高度为 2，第 2 层的高度为 3。

【数据范围】

$N \leqslant 10^5$，$W_i \leqslant S_w$。

【算法分析】

当按顺序摆放到某一本书时，这本书只有 2 种情况：一种是放在当前一层的最后（$S_n \leqslant S_w$）；另一种是当前一层放不下，放到下一层去。

设 F[i] 表示到第 i 本书，且第 i 本书放入书架的最优总高度，Opt(j+1,i) 表示从第 j+1 本书到第 i 本书的最高高度，则状态转移方程如下：

F[i]=min{F[j]+Opt(j+1,i)}（$1 \leqslant i \leqslant n$，$0 \leqslant j < i$）

答案为 F[n]，时间复杂度为 $O(n^2)$。

以【输入样例】中的数据来说明，图 6.1 所示为按顺序摆放的 5 本书，摆放前 3 本书，可得 F[0]=0，F[1]=1，F[2]=2，F[3]=3。

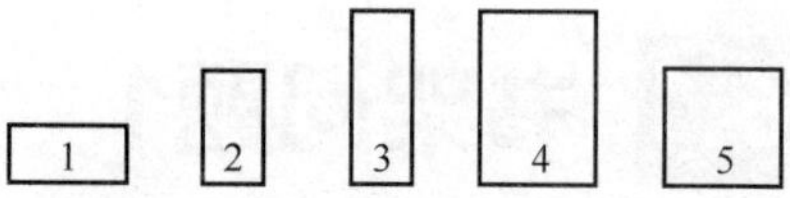

图 6.1

摆放第 4 本书时，尝试将 1~4 区间的书分成前后两段，即有 { (0),(1,2,3,4) }、{ (1),(2,3,4) }、{ (1,2),(3,4) }、{ (1,2,3),(4) } 这 4 个方案，其中，第 1 个方案中书的宽度超过了书架的最大宽度，不考虑，后 3 个方案对应的摆放情况如图 6.2 所示。

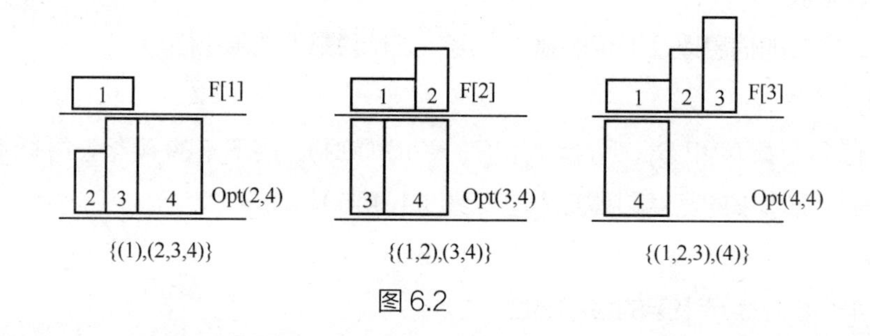

图 6.2

摆放第 5 本书时同理，参考代码如下。

```
1  // 书架问题 1 —— 朴素算法
2  #include <bits/stdc++.h>
3  using namespace std;
4  const int MAX=0x3f3f3f3f;                        // 想想为什么不取 0x7fffffff
5
6  int w[10005],l[10005],f[10005];
7  int sw;
8
9  int Opt(int x,int y)                              // 返回书在区间 [x,y] 的最大高度
10 {
11   int width=0,h=0;
12   for(int i=x; i<=y; i++)
13   {
14     width+=w[i];
15     h=max(l[i],h) ;
16   }
17   return width>sw ? MAX : h;                      // 不能超出宽度限制
```

```
18  }
19
20  int main()
21  {
22    int n;
23    scanf("%d%d",&n,&sw);
24    for(int i=1; i<=n; i++)
25      scanf("%d%d",&w[i],&l[i]);
26    for(int i=1; i<=n; i++)                        //动态规划
27    {
28      f[i]=MAX;
29      for(int j=0; j<i; j++)
30        f[i]=min(f[i],f[j]+Opt(j+1,i));
31    }
32    printf("%d\n",f[n]);
33    return 0;
34  }
```

朴素算法的时间复杂度过高，部分测试数据无法通过。经观察可以发现：

（1）Opt() 函数中，反复累加书在区间 [x,y] 的宽度浪费了太多时间，这可以使用前缀和数组来解决；

（2）Opt() 函数中，反复统计书在区间 [x,y] 的最大高度浪费了太多时间，虽然可以使用单调栈、线段树等方法解决，但这部分内容尚未讲到，可先不考虑；

（3）动态规划的时间复杂度为 $O(n^2)$，但经观察可知，如果 Opt(j+1,i) 部分的宽度超过了书架宽度的限制，那么其实无计算的必要，可以直接跳出循环。

试根据以上分析，编写该题的优化代码。

6.2 书架问题2

【题目描述】书架问题 2（book2）

琪儿想把一堆书放在一个书架上，书架可以放下所有的书。琪儿先将书按高度顺序排列在书架上，但是她发现，由于很多书的宽度不同，所以书看起来非常不整齐。于是她决定从中拿掉 k 本书，使书看起来整齐一点。

书的不整齐度为每两本书的宽度差的绝对值之和。例如有 4 本书，它们的高度和宽度分别如下：

1×2

5×3

2×4

3×1

那么将其按高度顺序排列整齐：

1×2

2×4

3×1

5×3

不整齐度就是 2+3+2=7。

已知每本书的高度都不一样，求出去掉 k 本书后的最小不整齐度。

【输入格式】

第一行有两个数字 n 和 k（$1 \leqslant n \leqslant 100$，$1 \leqslant k < n$），分别代表书的数量和从中去掉的数量。接下来的 n 行，每行有两个数字，分别表示一本书的高度和宽度，均小于 200。

【输出格式】

输出一个整数，表示书的最小不整齐度。

【输入样例】

4 1

1 2

2 4

3 1

5 3

【输出样例】

3

【算法分析】

直接从去掉多少本书来划分阶段是没有思路的，故采用逆向思维，把问题转化成求在 n 本书中选出 $n-k$ 本书的最小值。

设 f[i][j] 表示在第 i 本书留下的情况下，在前 i 本书中选 j 本书的最优值，显然 f[i][j] 的值可以由前 x 本书中选了 j-1 本书的情况下加上第 i 本书推得，如图 6.3 所示。

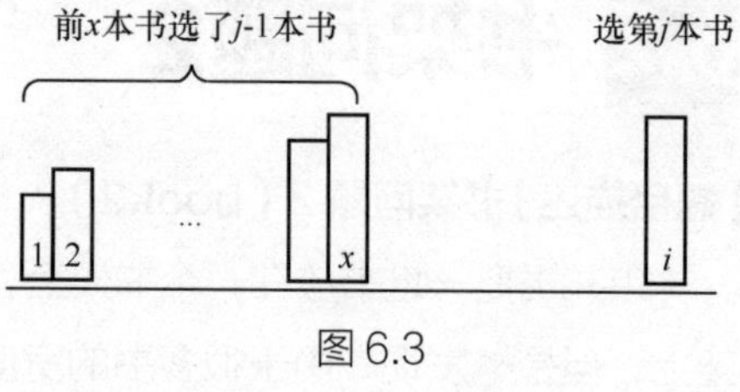

图 6.3

所以，设 w[i] 为第 i 本书的宽度，状态转移方程如下：

f[i][j]=min{f[x][j-1]+abs(w[x]-w[i])} ($1 \leqslant i \leqslant n$，$2 \leqslant j \leqslant \min\{i,n-k\}$，$j-1 \leqslant x \leqslant i-1$)

最后不能直接输出 f[n][n-k]，因为我们定义的是在前 i 本书中取 j 本书，那么前 i-1 本书、前 i-2 本书……都有可能，所以要在 f[n-k][n-k],f[n-k+1][n-k],…,f[n][n-k] 中取最优值，即 ans=min{f[i][n-k]}（$n-k \leqslant i \leqslant n$）。

参考代码如下。

```
1  // 书架问题 2
2  #include <bits/stdc++.h>
3  using namespace std;
4
```

```
5    struct book
6    {
7      int height,wide;
8    } a[200];
9    int f[200][200];
10
11   bool Cmp(const book &a,const book &b)
12   {
13     return a.height<b.height;
14   }
15
16   int main()
17   {
18     int n,k;
19     scanf("%d%d",&n,&k);
20     for (int i=1; i<=n; ++i)
21       scanf("%d%d",&a[i].height,&a[i].wide);
22     sort(a+1,a+n+1,Cmp);                              //按高度排好序
23     for(int i=1; i<=n; ++i)                           //依次处理每一本书
24       for(int j=2; j<=min(i,n-k); ++j)                //选 j 本书
25       {
26         f[i][j]=0x3f3f3f3f;
27         for(int x=j-1; x<i; ++x)                      //枚举上一本书 x 的位置
28           f[i][j]=min(f[i][j],f[x][j-1]+abs(a[x].wide-a[i].wide));
29       }
30     int ans=f[n][n-k];
31     for(int i=n-1; i>=n-k; --i)
32       ans=min(ans,f[i][n-k]);
33     printf("%d\n",ans);
34     return 0;
35   }
```

6.3 收购珍珠

【题目描述】收购珍珠（pearls）ZOJ 1563

珠宝店需要购买不同等级的珍珠，有高等级也有低等级，不同等级的珍珠的价格不一样。每一次买一种等级的珍珠，必须多买 10 颗。为了节约成本，珠宝店会采取换买高等级珍珠的方法。例如需要买 5 颗 1 等级（低）的珍珠，每颗 10 元；100 颗 2 等级（高）的珍珠，每颗 20 元。如果每个等级的珍珠都买到，则需要 (5+10)×10+(100+10)×20=2 350 元。但如果不买低等级的珍珠而换买高等级的珍珠，则需要 (5+100+10)×20=2 300 元，这样就省钱了！

要求输出买所有的珍珠（可以不买低等级的珍珠而换买高等级的珍珠，但不能不买高等级的珍珠而换买低等级的珍珠）需要花费的最少金额。

【输入格式】

第 1 行包含 1 个整数 c（$1 \leqslant c \leqslant 100$）。随后的 c 行中，每行都包含 2 个整数 a[i] 和

p[i]，第 1 个整数表示需要的珍珠数（1 ≤ a[i] ≤ 1 000），第 2 个整数表示该等级珍珠的价格（1 ≤ p[i] ≤ 1 000）。珍珠的品质由低至高严格按顺序给出。

【输出格式】

输出最少金额。

【输入样例】

2

100 1

100 2

【输出样例】

330

【算法分析】

这道题的关键是确定每种等级的珍珠用哪种价格来买，只有两种情况：

（1）当前等级的珍珠用当前等级的价格来买；

（2）当前等级的珍珠用更高等级的价格来买。

这里有一个规则，如果当前等级的珍珠能用高一等级的珍珠换买并使花费的金额减少，就没必要用更高等级的珍珠去换买。换买不会是间隔的，只会是连续的，即不可能用第 i+2 类珍珠去替代第 i 类珍珠，而应用第 i+1 类珍珠去替代第 i 类珍珠。

因此设 F[i] 表示买到第 i 个等级的珍珠的最小花费，sum(a,b) 表示 a 等级到 b 等级之间需要购买的全部珍珠总数，则有状态转移方程 F[i]=min{F[j]+(sum(j+1,i)+10) × p[i] }（$0 \le j < i$），如图 6.4 所示。

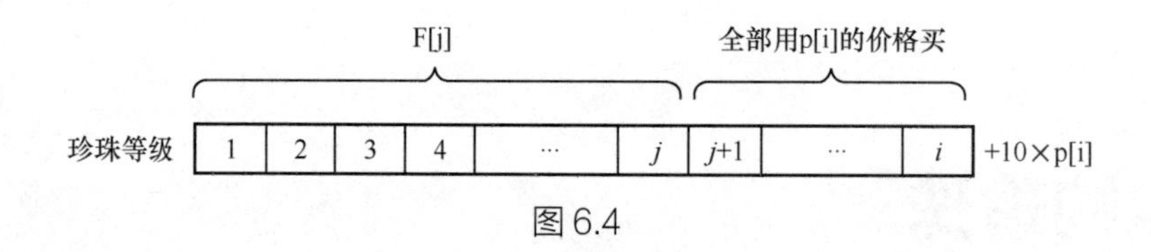

图 6.4

6.4 双色马

【题目描述】双色马（Binhorse）URAL 1167

每天晚上，牧马人会把所有马排成一条直线带回马厩。由于马儿们很累，牧马人尽量不让它们移动。他发明了一个算法：把前 P_1 匹马放在第 1 个马厩，后 P_2 匹马放在第 2 个马厩……而且，他不想 K 个马厩的任何一个是空的，并且不想有马被留在外边。牧马人有黑白 2 种颜色的马，2 种颜色的马相处不好。如果有 i 匹黑马和 j 匹白马在同一个马厩中，那么这个马厩的马的忧愁系数为 i×j，总忧愁系数是所有马厩的马的忧愁系数的和。忧愁系数过大会表现为马互相打架或者马彻夜长嘶。请想办法把 N 匹马放进 K 个马厩，使得总忧愁系数最小。

【输入格式】

第 1 行有 2 个数字 N（$1 \leqslant N \leqslant 500$）和 K（$1 \leqslant K \leqslant N$）。下面的 N 行，每行有 1 个数字，用来描述每匹马的颜色，1 代表黑色，0 代表白色。

【输出格式】

输出最小的总忧愁系数。

【输入样例】

6 3

1

1

0

1

0

1

【输出样例】

2

【样例说明】

将前 2 匹马放在第 1 个马厩，随后 3 匹马放在第 2 个马厩，最后 1 匹马放在第 3 个马厩。

【算法分析】

本题是一个区间类型的动态规划问题，我们只需关注枚举到当前马厩时应该分配多少匹马就行了。

设 dp[i][j] 为前 i 个马厩分配 j 匹马的最优值，设 b[ ] 为黑马的前缀和数组，则状态转移方程为 dp[i][j]=min{dp[i-1][k]+(b[j]-b[k])×(j-k-(b[j]-b[k])),dp[i][j]} 。即到第 i 个马厩共分配 j 匹马的最优值等于前 i-1 个马厩分配 k 匹马的最优值加上 j-k 匹马之间的忧愁系数。

边界条件为 f[0][j]=0，f[0][0]=0，f[i][i]=0，f[i][0]= ∞（前 i 个马厩不放马是不合理的）。

进一步地优化是使用滚动数组。

6.5 归并石子 1

【题目描述】归并石子 1（merge1）

有 n 堆石子排成一排，其编号为 1,2,3,⋯,n（$n \leqslant 100$）。每堆石子有一定的数量，例如有 7 堆石子，数量分别为 13,7,8,16,21,4,18。

现在要将 n 堆石子归并成一堆，归并的过程为每次只能将相邻的两堆石子堆成一堆，这样经过 n-1 次归并后几堆石子将成为一堆。例如上面的 7 堆石子，可以有多种方法将其归并成一堆，其中的两种方法如图 6.5 所示。

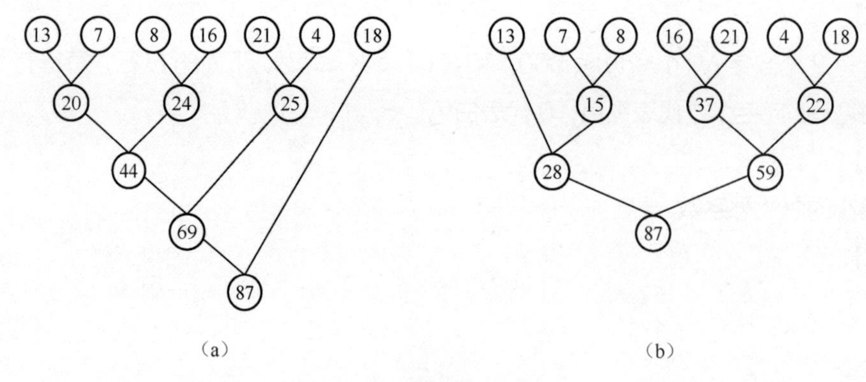

图 6.5

可得：图 6.5（a）的归并代价为 20+24+25+44+69+87=269，图 6.5（b）的归并代价为 15+37+22+28+59+87=248。

可见不同的方法得到的归并代价是不一样的，现在请编程找出一种合理的方法，使归并代价最小。

【输入格式】

第一行为一个整数 n（$1 < n \leqslant 100$），表示有 n 堆石子。第二行为 n 堆石子的数量。

【输出格式】

输出一个整数，即最小代价。

【输入样例 1】

7

13 7 8 16 21 4 18

【输出样例 1】

239

【输入样例 2】

10

12 3 13 7 8 23 14 6 9 34

【输出样例 2】

398

一般地，我们思考问题总是要尽可能地将复杂问题简单化，对于此题，也是一样的，可以先取一个小一点的 n 值，看能否从中找出规律。

当 n=2 时，事实上仅有一种堆法，因此归并代价为 2 堆石子数量的和，如图 6.6 所示。

当 n=3 时，有两种堆法，如图 6.7 所示，可以看到它们的归并代价分别为 54 和 55。注意：最后加的 34 是 3 堆石子的数量和。

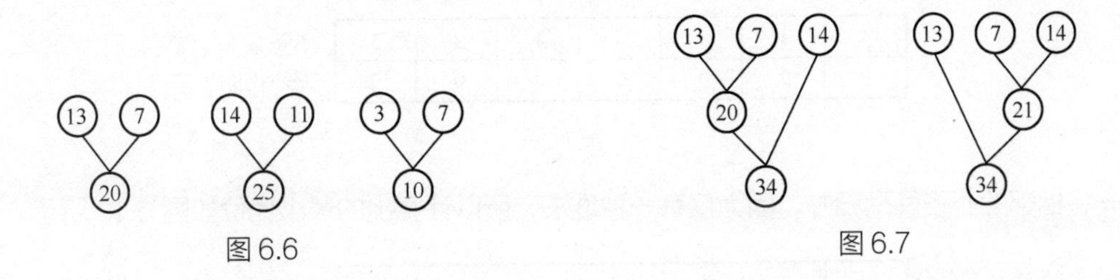

图 6.6　　　　　　　　　　　　图 6.7

当 n=4 时，有 5 种堆法，如图 6.8 所示。注意：最后加的 40 是 4 堆石子的数量和。

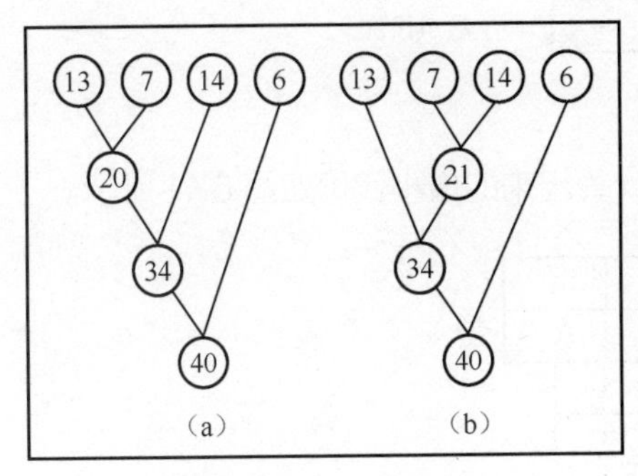

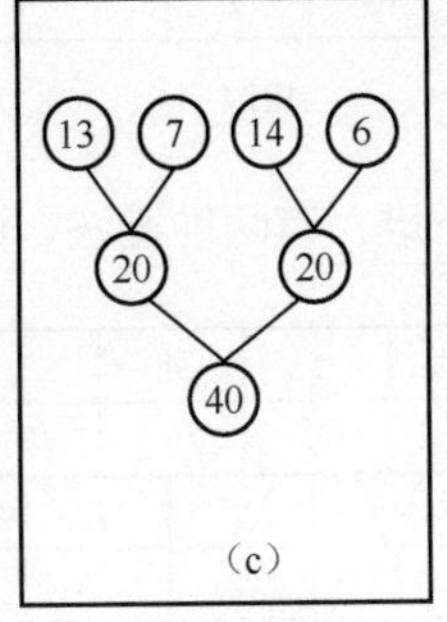

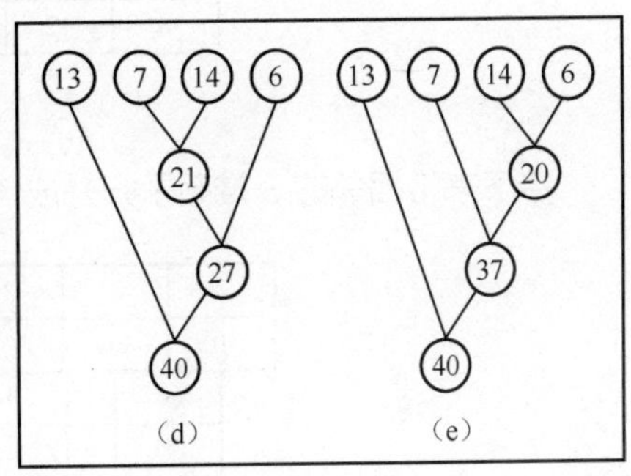

图 6.8

这 5 种堆法其实可以归并成 3 类。

第 1 类是图 6.8（a）和图 6.8（b），先归并前面 3 堆，再归并最后一堆。

第 2 类仅有图 6.8（c），先两两归并，再归并成一堆。

第 3 类是图 6.8（d）和图 6.8（e），先归并后 3 堆再归并第 1 堆。

因此设 F[I][J] 表示从第 I 堆石子归并到第 J 堆石子的归并最小代价，则：

F[1][4]=min{F[1][3],F[1][2]+F[3][4],F[2][4]}+40

F[1][3]=min{F[1][2],F[2][3]}+34

F[1][2]=20

F[3][4]=20

F[2][3]=21

F[2][4]=min{ F[2][3],F[3][4]}+27

另外引入 G[I][J] 表示从第 I 堆石子归并到第 J 堆石子的数量和，则 G[1][1]=13,G[1][2]=20,⋯, G[1][4]=40。

由此推出一般公式如下：

F[1][N]=min{ F[1][N−1], F[1][2]+F[3][N], F[1][3]+F[4][N],⋯,F[2][N] }+G[1][N]

即 F[I][J]=min{(F[I][K]+F[K+1][J]}+G[I][J]（$I \leqslant K < J$）

假设有 7 堆石子，每堆石子的数量分别为 4,4,8,5,4,3,5，计算初始堆时，所有的石子并未归并，所以最小代价均为 0，这是边界条件，如图 6.9 所示。

4	4	8	5	4	3	5	石子数
0	0	0	0	0	0	0	最小代价

图 6.9

先将相邻的石子两两归并，因为仅有一种堆法，所以计算出的最小代价如图 6.10 所示。

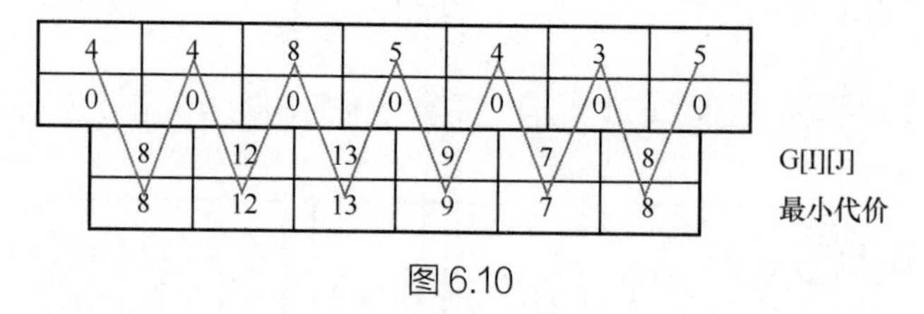

图 6.10

接下来将相邻的 3 堆石子归并成一堆，有两种堆法，计算出来的最小代价如图 6.11 所示。

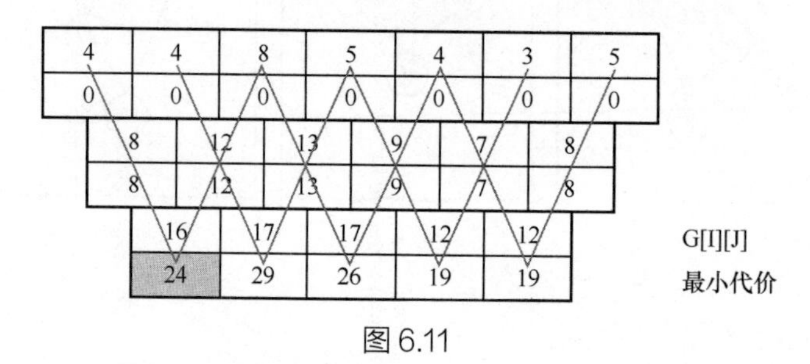

图 6.11

以图 6.11 灰色框内的 24 来举例，如图 6.12 所示。一种是先归并后两堆，再全部归并，而归并后两堆的最小代价之前已经算出来是 12，所以这种归并方法的最小代价是 12+16=28；另一种是先归并前两堆，再全部归并，而先归并前两堆的最小代价之前已经算出来是 8，所以这种归并方法的最小代价是 8+16=24。两者取最小值为 24，其他同理。

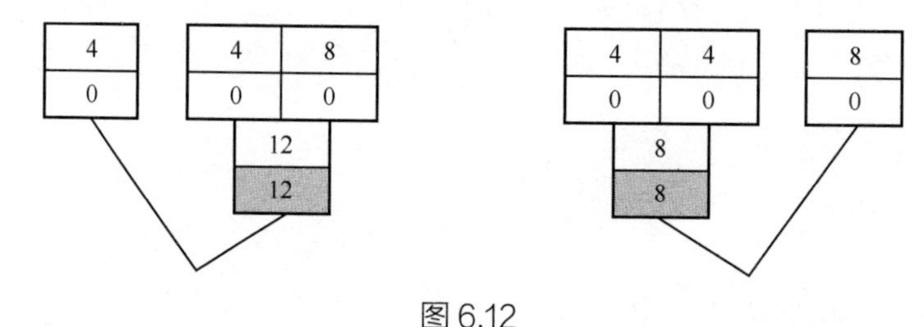

图 6.12

接下来将相邻的 4 堆石子归并成一堆，有 3 种堆法，计算出来的最小代价如图 6.13 所示。

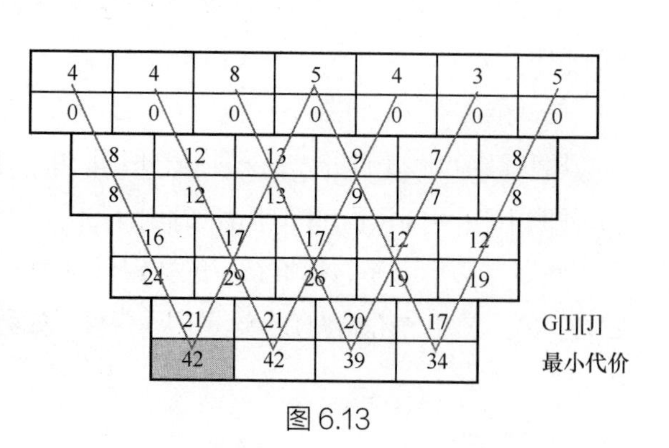

图 6.13

以图 6.13 灰色框内的 42 来举例，如图 6.14 所示。第一种是先归并后 3 堆，再全部归并，而归并后 3 堆的最小代价之前已经算出来是 29，所以这种归并方法的最小代价为 29+21=50；第二种是先将相邻的堆两两归并后再全部归并，相邻的堆两两归并的最小代价之前已经算出来是 8 和 13，所以这种归并方法的最小代价为 8+13+21=42；第三种是先归并前 3 堆，再全部归并，而前 3 堆的最小代价之前已经算出是 24，所以这种合并方法的最小代价为 24+21=45。3 者取最小值为 42，其他同理。

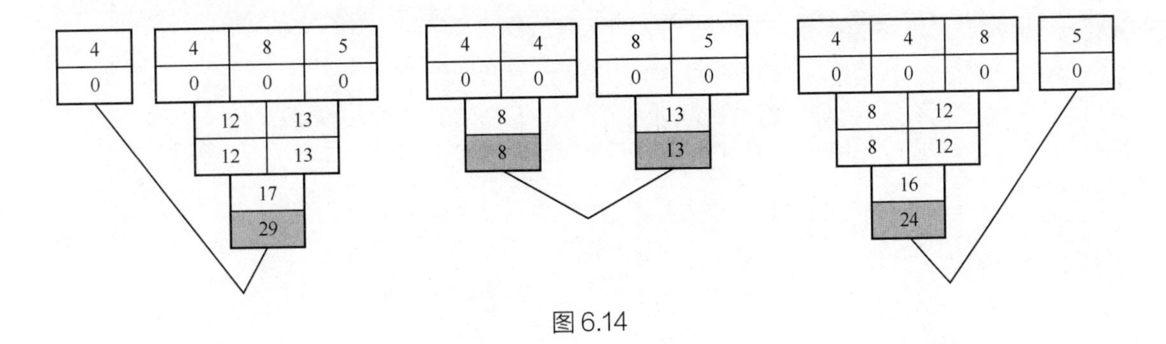

图 6.14

全部的归并过程如图 6.15 所示。

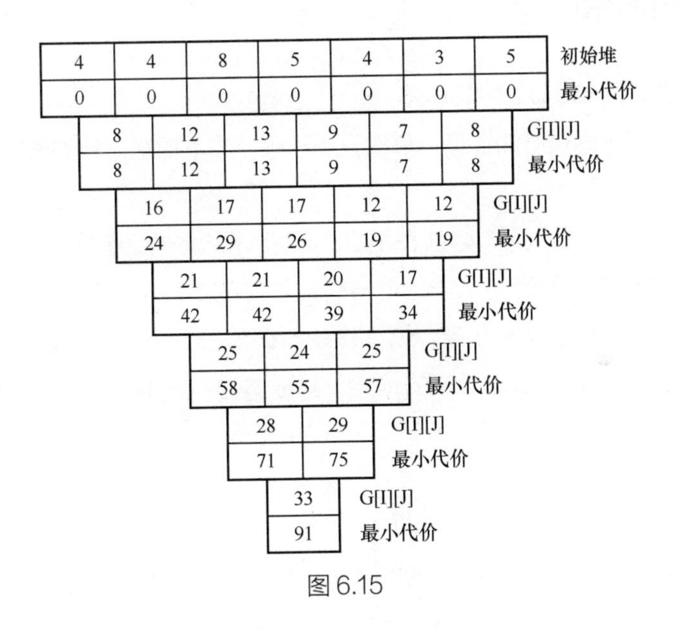

图 6.15

参考代码如下。

```
1   //合并石子1
2   #include <bits/stdc++.h>
3   using namespace std;
4   const int MAXN=101;
5
6   int a[MAXN],g[MAXN][MAXN],dp[MAXN][MAXN];
7
8   int main()
9   {
10      int n;
11      scanf("%d",&n);
12      for(int i=1; i<=n; i++)
```

```
13      scanf("%d",&a[i]);
14    for(int i=1; i<=n; i++)
15      for(int j=i; j<=n; j++)
16        g[i][j]=g[i][j-1]+a[j];                              //g[i][j] 初始化
17    for(int s=2; s<=n; s++)                                   //s 控制归并的宽度
18      for(int i=1,j=s; j<=n; i++,j++)                         // 相同宽度的归并逐个进行
19      {
20        dp[i][j]=1<<30;
21        for(int k=i; k<j; k++)                                //k 为划分的位置（切割点）
22          dp[i][j]=min(dp[i][j],dp[i][k]+dp[k+1][j]+g[i][j]);
23      }
24    printf("%d\n",dp[1][n]);
25    return 0;
26  }
```

6.6 切割铜棒

【题目描述】切割铜棒（cut）UVA 10003

本题的任务是切割不同长度的铜棒，每次只切一段，成本根据铜棒的长度而定，不同的切割顺序会有不同的成本。

例如，有一根 10 米长的铜棒，必须在第 2、4、7 米的地方切割，你可以选择先切 2 米的地方，然后切 4 米的地方，最后切 7 米的地方，这样的成本为 10+8+6=24，因为第 1 次切时铜棒长 10 米，第 2 次切时铜棒长 8 米，第 3 次切时铜棒长 6 米；但是如果你选择先切 4 米的地方，然后切 2 米的地方，最后切 7 米的地方，其成本为 10+4+6=20，显然这种切法就是一个较好的选择。

请找出切割铜棒所需的最低成本。

【输入格式】

每组测试数据有 3 行，第 1 行有 1 个整数 L（$L < 1\,000$），代表需要切割的铜棒的长度；第 2 行有一个整数 N（$N < 50$），代表需要切的次数；第 3 行有 N 个正整数 C_i（$0 < C_i < L$），代表铜棒需被切割的地方。这 N 个整数均不相同，且由小到大排列好了。

L=0 代表输入结束。

【输出格式】

每组测试数据输出最低的切割成本。

【输入样例】

100

3

25 50 75

10

4
4 5 7 8
0

【输出样例】

The minimum cutting is 200.

The minimum cutting is 22.

【算法分析】

根据上面的样例，切割铜棒的方法如图 6.16 所示。

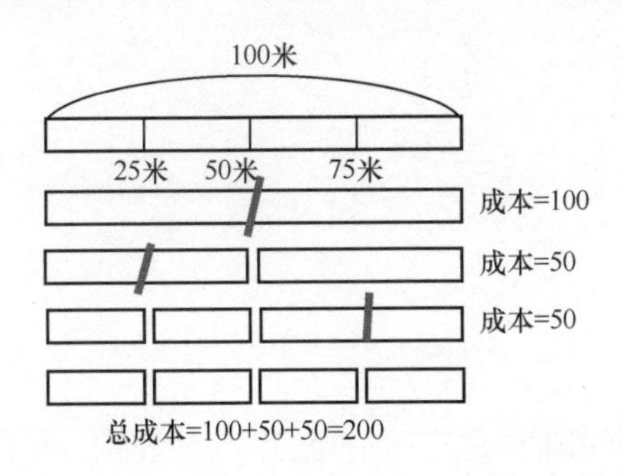

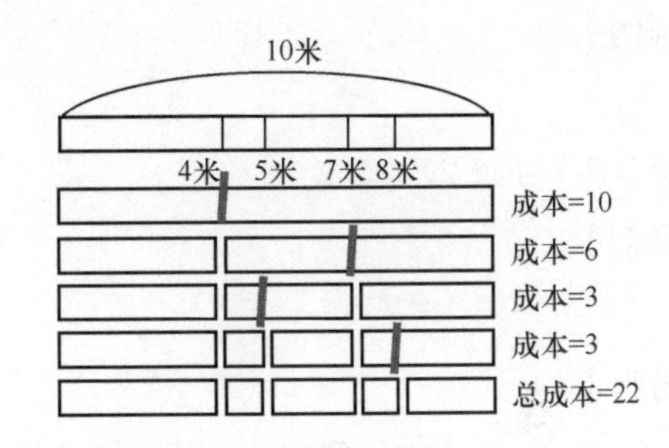

图 6.16

可以看出，该题的过程是"归并石子 1"的逆过程。

设 dp[i][j] 为从第 i 切割点到第 j 切割点的这一段铜棒的最低切割成本，cost(i,j) 为从第 i 切割点到第 j 切割点的这一段铜棒的长度，则有状态转移方程：

dp[i][j]=min{dp[i][k]+dp[k][j]+cost(i,j)}（其中 $i < k < j$）

例如样例中，求 dp[0][3]，即从第 0 切割点到第 3 切割点的这一段铜棒的最低切割成本时，有两种切法，即从 4 的位置切或者从 5 的位置切，这样将这一段铜棒分为前后两部分，而前后两部分的最低切割成本已经算出，所以这两部分的最低切割成本加这一刀的切割成本为 dp[0][3] 的值，如图 6.17 所示。

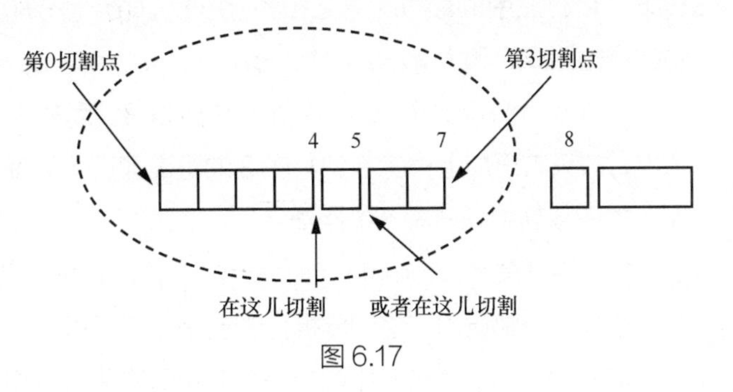

图 6.17

该题的时间复杂度为 $O(n^3)$，空间复杂度为 $O(n^2)$。

6.7 邮局问题

【题目描述】邮局问题（PostOffice）PKU 1160

一条高速公路边上有 V 个村庄，用一条坐标轴来描述这条高速公路，每个村庄的坐标各不相同，且都是整数，两个村庄之间的距离用它们的坐标值差的绝对值表示。现在从这些村庄中选出 P 个建立邮局，邮局建立在村庄里，每个村庄使用离它最近的那个邮局。求一种建立方法，使得所有村庄到各自使用的邮局的距离总和最小。

【输入格式】

共 2 行。第 1 行给出村庄的数目 V 和邮局的数目 P（$1 \leqslant V \leqslant 300$，$1 \leqslant P \leqslant 30$，$P \leqslant V$）。第 2 行按递增顺序给出 V 个村庄的坐标值 $x_1,x_2,\cdots,x_V$（$1 \leqslant x_i \leqslant 10\ 000$）。

【输出格式】

输出 1 个值，表示所有村庄到各自使用的邮局的距离总和的最小值。

【输入样例】

10 5

1 2 3 6 7 9 11 22 44 50

【输出样例】

9

【算法分析】

考虑在 V 个村庄中只建立 1 个邮局的情况，显然将邮局建立在中间的那个村庄中，即取中位数即可。具体来说，就是有奇数个村庄时建立在最中间的那个村庄中最优，有偶数个村庄时建立在中间两个村庄中的任何一个都可以。

例如，有 6 个村庄，已知村庄的坐标值分别为 p_1,p_2,p_3,p_4,p_5,p_6，设 sum[i][j] 表示在第 i 个村庄到第 j 个村庄中建立 1 个邮局的最短距离。

此时对于 sum[1][4] 来说，邮局建立在第 2 个村庄或者第 3 个村庄中其实是一样的，即建立在第 2 个村庄中的最短距离之和为 $(p_4-p_2)+(p_3-p_2)+(p_2-p_1)=p_4-p_2+p_3-p_1$，建立在第 3 个村庄中的最短距离之和为 $(p_4-p_3)+(p_3-p_2)+(p_3-p_1)=p_4-p_2+p_3-p_1$。

当求 sum[1][5] 时，处于中间的村庄是 3，而村庄 1 ～ 4 到 3 的距离即 sum[1][4] 之前已经求出，故只需再加上村庄 5 到村庄 3 的距离即可。同理，求 sum[1][6] 的时候也可以用 sum[1][5] 加上村庄 6 到中间村庄 3 的距离。

故有递推关系：sum[i][j]=sum[i][j−1]+p[j]−p[(i+j)/2]。

建立多个邮局时，将问题拆分为若干个子问题，即在前 i 个村庄中建立 j 个邮局的最短距离，是在前 k（$k < i$）个村庄中建立 j−1 个邮局的最短距离与在第 k+1 个村庄到第 i 个村庄中建立一个邮局的最短距离之和。

故设数组 dp[i][j] 表示在前 i 个村庄中建立 j 个邮局的最短距离，则状态转移方程如下：

dp[i][j]=min{dp[i][j],dp[k][j−1]+sum[k+1][i]}

边界条件为 dp[i][i]=0，dp[i][1]=sum[1][i]。

例如 dp[10][3]=dp[6][2]+sum[7][10]，表示在村庄 1 ～ 10 中建立 3 个邮局可以由在村庄 1 ～ 6 中建立 2 个邮局加上在村庄 7 ～ 10 中建立 1 个邮局转化而来。

本题的优化需采用动态规划的四边形不等式算法，否则无法通过大数据，学完动态规划的优化后请继续完成本题。

6.8 乘积最大

【题目描述】乘积最大（product）

用 k 个乘号将一个长度为 n 的十进制数字字符串分成 k+1 个部分，使这 k+1 个部分的乘积最大。例如，当 n=6，k=3，且数字字符串为“310143”时，可能有下列各种情况：

3×1×0×143=0

3×1×01×43=129

3×1×014×3=126

3×10×1×43=1 290

3×10×14×3=1 260

3×101×4×3=3 636

31×0×1×43=0

31×01×4×3=372

310×1×4×3=3 720

从上面的结果可以看出，最大乘积为 310×1×4×3=3 720。

【输入格式】

第一行为两个整数，即 n 和 k（$6 \leqslant n \leqslant 40$，$1 \leqslant k \leqslant 6$）。第二行为数字字符串。

【输出格式】

输出一个整数，即最大乘积。

【输入样例】

6 3

310143

【输出样例】

3720

题目描述中使用的算法是穷举法，但当 n、k 的值较大时，穷举法就不适用了。例如 n=50，k=10，共有 $C(49,10)$=49×47×46×44×43×41 种可能。

使用贪心算法也不能得到最优解，这是很容易找出反例的。

考虑用动态规划算法解决问题，设十进制数字字符串为 $a_1a_2a_3\cdots a_n$。

当 k=1 时，最大值为 $\max\{a_1 \times (a_2a_3\cdots a_n),(a_1a_2) \times (a_3\cdots a_n),\cdots,(a_1a_2a_3\cdots a_{n-1}) \times a_n\}$，这相当于穷举法。

当k=2 时，最大值为 $\max\{(a_1a_2\cdots a_{n-2})\times a_{n-1}\times a_n,(a_1a_2\cdots a_{n-3})\times(a_{n-2}a_{n-1})\times a_n,(a_1a_2\cdots a_{n-3})\times a_{n-2}\times(a_{n-1}a_n),\cdots,a_1\times a_2\times(a_3a_4\cdots a_n)\}$

……

设 f[i][j][s] 表示从 i 到 j，有 s 个乘号取得的最大值，$g(i,j)$ 表示从 i 到 j 的数字字符串，则：

当k=1 时，f[1][n][1]=max{g(1,1)×g(2,n),g(1,2)×g(3,n),⋯,g(1,n−1)×g(n,n)}

当 k=2 时，f[1][n][2]=max{f[1][n−1][1]×g(n,n),f[1][n−2][1]×g(n−1,n),⋯,f[1][2][1]×g(3,n)}。

由此可推出：

f[1][n][k]=max{f[1][n−1][k−1]×g(n,n),f[1][n−2][k−1] ×g(n−1,n),⋯,f[1][k][k−1] ×g(k+1,n)}

可以看出，要想计算出 f[1][n][k]，必须要计算出 f[1][n−1][k−1],f[1][n−2][k−1],⋯,f[1][k][k−1]。

以字符串“310143”、k=3 为例来说明计算过程。

k=1，表示有一个乘号：f[1][2][1]=3×1=3

f[1][3][1]=max{31×0,3×10}=30

f[1][4][1]=max{310×1,31×1,3×101}=310

……

k=2，表示有两个乘号：f[1][3][2]=3×1×0=0

f[1][4][2]=max{f[1][3][1]×1,f[1][2][1]×1}=30

……

进一步，将 f[1][n][k] 简化为 f[n][k]，则状态转移方程如下：

f[n][k]=max{f[n−1][k−1]×g(n,n),f[n−2][k−1]×g(n−1,n),⋯,f[k][k−1]×g(k+1,n}

非高精度算法的参考代码如下，请试着完成高精度算法。

```
1   //乘积最大 —— 非高精度算法
2   #include <bits/stdc++.h>
3   using namespace std;
4
5   string s;
6   unsigned long long f[41][41];
7
8   unsigned long long g(int L,int R)
9   {
10    int ans=s[L]-'0';
11    for(int i=L+1; i<=R; i++)
12      ans=ans*10+(s[i]-'0');
13    return ans;
14  }
15
16  int main()
17  {
18    int n,k;
19    cin>>n>>k>>s;
20    for(int i=0; i<n; i++)
```

```
21      f[i][0]=g(0,i);
22    for(int i=1; i<=k; i++)                          //枚举乘号
23      for(int j=i; j<=n; j++)                        //枚举字符串
24        for(int h=j; h>=i; h--)                      //枚举切割点
25          f[j][i]=max(f[j][i],f[h-1][i-1]*g(h,j));
26    cout<<f[n-1][k]<<endl;
27    return 0;
28  }
```

6.9 凸多边形三角划分

【题目描述】凸多边形三角划分（Triangle）HNOI 1997

给定一个具有 N（$N<50$）个顶点（从 1 到 N 编号）的凸多边形，每个顶点的权值均已知。问如何把这个凸多边形划分成 $N-2$ 个互不相交的三角形，使这些三角形的顶点权值的乘积之和最小。

【输入格式】

第一行为顶点数 N，第二行为 N 个顶点（从 1 到 N）的权值。

【输出格式】

第一行为三角形的顶点权值的最小乘积之和。第二行为各三角形的组成方式。三角形各顶点之间以空格分隔，顶点从小到大排列；三角形的组合从左到右按字典序排列，中间的逗号为半角字符。注意答案非唯一。

【输入样例】

5

121 122 123 245 231

【输出样例】

12214884

1 2 3,1 3 5,3 4 5

【算法分析】

根据图 6.18，设 f[i][j]（$i<j$）表示从顶点 i 顺时针到顶点 j 的凸多边形三角划分后所得到的最小乘积之和，S[i] 为顶点 i 的权值，可以得到下面的状态转移方程：

f[i][j]=min{f[i][k]+f[k][j]+S[i]×S[j]×S[k]}（$0<i<k<j\leqslant N$）

初始条件为 f[1][2]=0。所求的目标状态为 f[1][N]。

以图 6.19 为例，假设有一个 4 个顶点的凸多边形，顶点权值分别为 1,2,3,4。

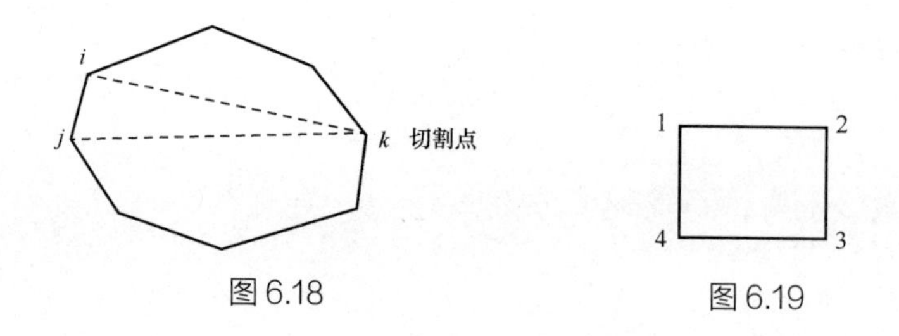

图 6.18　　图 6.19

先计算 f[1][3] 和 f[2][4] 的值，因为划分出来的都是三角形，如图 6.20 所示，所以值分别为 6 和 24。

接下来计算 f[1][4] 的值。有两种情况，一种是 k=2，另一种是 k=3，则图形被划分成了 3 个部分（图中粗线也是一部分，可以将其看成不存在的“二边形”，值为 0），两种情况的值分别为 32 和 18，如图 6.21 所示。

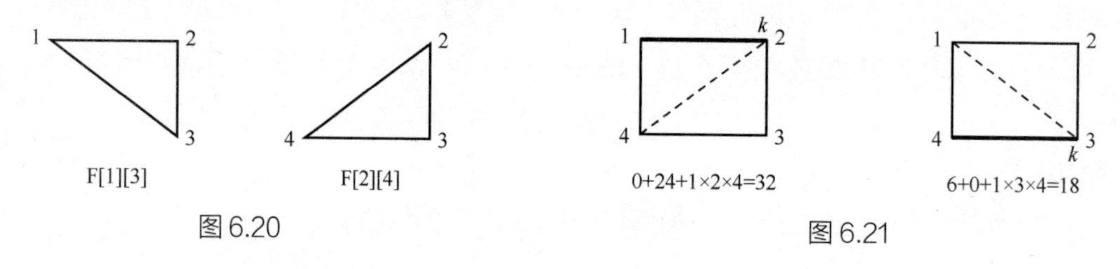

图 6.20　　图 6.21

5 个顶点的凸多边形、6 个顶点的凸多边形……依次类推。

非高精度递归求值的参考代码如下。

```
1   //凸多边形三角划分 —— 非高精度递归求值
2   #include <bits/stdc++.h>
3   using namespace std;
4
5   int p[51],f[51][51],mid[51][51];             //mid[][] 用于保存切割点
6   int n, cnt;
7
8   struct node
9   {
10    int x, y, z;
11  } t[51];                                      //保存切割好的三角形
12
13  bool Cmp(node a, node b)
14  {
15    return a.x==b.x? (a.y==b.y?a.z<b.z:a.y<b.y) : (a.x<b.x);
16  }
17
18  int Dp(int i, int j)                          //递归求状态转移方程的值
19  {
20    if (f[i][j] != 2139062143)                  //已求出值，直接返回
21      return f[i][j];
22    if (j-i<=1)                                 //只有两个顶点
23      return 0;
24    if (j-i==2)                                 //正好有 3 个顶点
25    {
```

```
26        f[i][j]=p[i]*p[i+1]*p[i+2];
27        mid[i][j]=i+1;                             //标记切割点
28        return f[i][j];
29      }
30      for (int k=i+1; k<=j-1; k++)                 //枚举切割点
31        if (f[i][j]>(Dp(i,k)+Dp(k,j)+p[i]*p[k]*p[j]))
32        {
33          f[i][j]=Dp(i,k)+Dp(k,j)+p[i]*p[k]*p[j];
34          mid[i][j]=k;                             //标记切割点
35        }
36      return f[i][j];
37    }
38
39    void GetTriangle(int l, int r)
40    {
41     if (r-l<2)
42        return;
43      t[++cnt].x=l;
44      t[cnt].y=mid[l][r];
45      t[cnt].z=r;
46      GetTriangle(l,mid[l][r]);
47      GetTriangle(mid[l][r],r);
48    }
49
50    int main()
51    {
52      scanf("%d", &n);
53      for (int i=1; i<=n; i++)
54        scanf("%d", &p[i]);
55      memset(f,127,sizeof(f));                    //初始值设为最大值 2 139 062 143
56      printf("%d\n", Dp(1, n));
57      GetTriangle(1, n);                          //保存切割出来的三角形
58      sort(t+1, t+cnt+1, Cmp);                    //对切割出来的三角形进行排序
59      for (int i=1; i<=cnt; i++)
60        printf("%d %d %d%c", t[i].x, t[i].y, t[i].z,i==cnt?'\n':',');
61      return 0;
62    }
```

请尝试完成高精度算法的非递归代码，通过所有测试数据。

6.10 凸多边形分割

【题目描述】凸多边形分割（excision）

有 n 条边的凸多边形，可以用 $n-3$ 条不相交的对角线将该凸多边形分割成 $n-2$ 个三角形，将图 6.22 中 $n-3$ 条对角线长度的和记为 $S_{np}=P_1P_5+P_2P_5+P_2P_4$，其中 P_1P_5 表示 P_1 和 P_5 之间的距离。

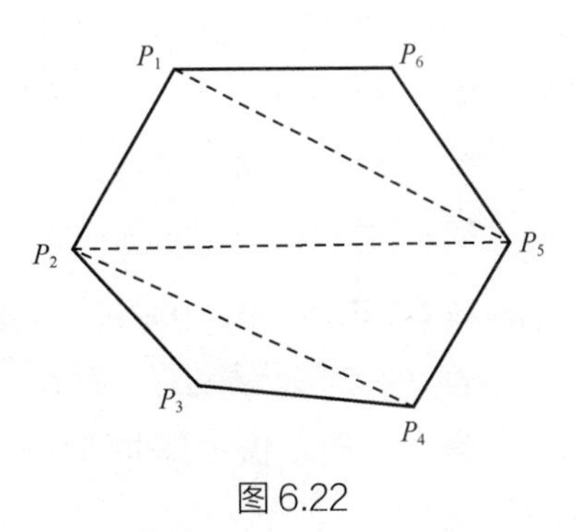

图 6.22

【输入格式】

第一行为整数 n（$n < 50$），表示有 n 个顶点。接下来的 n 行为各顶点的坐标。

【输出格式】

输出最小距离和。

【输入样例】

5

3 6

6 2

8 3

5 3

6 4

【输出样例】

3.41

【算法分析】

按动态规划的思路，应该是将凸多边形分割状态转移为更小的凸多边形分割状态。

当 n=5 时，轮流以 P_3P_4、P_4P_5、P_5P_1,、P_1P_2、P_2P_3 为边，再连接另一顶点形成三角形，有 5 种情况，如图 6.23 所示。

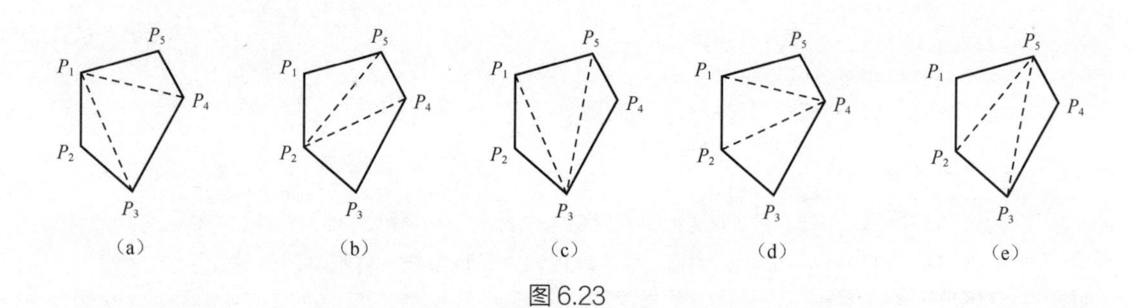

图 6.23

如果设 $D(P_i,P_j)$ 表示点 P_i 与 P_j 之间的距离，设 f[i][j] 表示从第 j 点开始有 i 条边的凸多边形的最小 S_{np}，则：

图 6.23（a）和图 6.23（c）可看成 f[5][1]=$D(P_1,P_3)$+f[4][3]；

图 6.23（b）和图 6.23（d）可看成 f[5][2]=$D(P_2,P_4)$+f[4][4]；

图 6.23（c）和图 6.23（e）可看成 f[5][3]=$D(P_3,P_5)$+f[4][5]；

图 6.23（a）和图 6.23（d）可看成 f[5][4]=$D(P_4,P_1)$+f[4][4]；

图 6.23（b）和图 6.23（e）可看成 f[5][5]=$D(P_5,P_2)$+f[4][5]；

故 S_{np} 的最小值 =min{f[5][1],f[5][2],f[5][3],f[5][4],f[5][5]}，由此得知：

有 n 条边的凸多边形，其 S_{np} 的最小值 =min{f[n][1],f[n][2],⋯,f[n][n−1],f[n][n]}。

当 n=6 时，仅考虑 f[6][1] 的情况，即以 P_1P_6 为边，再连接另一顶点形成三角形，有

6−2=4 种情况，如图 6.24 所示。

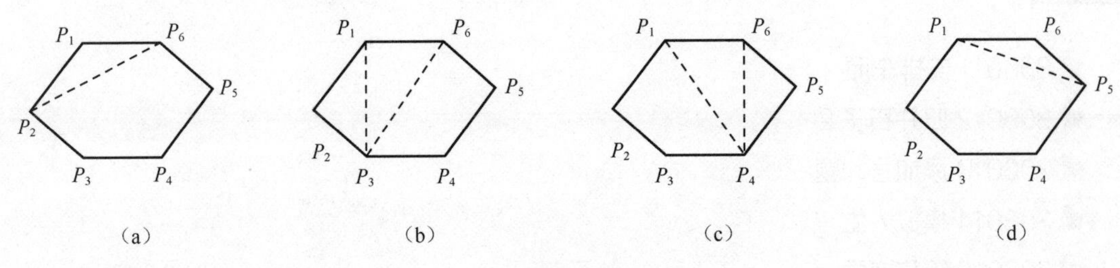

图 6.24

从图 6.24（b）和图 6.24（c）可以看出，3 个顶点连成的三角形将 n=6 的凸多边形分成了 3 个部分。当然，图 6.24（a）和图 6.24（d）也是同样的情况，只不过有一部分是一条线段（不存在的“二边形”，计算时设值为 0 即可）。

由此推导到一般情况，凸多边形分割的状态转移方程如下：

f[s][i]=min{f[k+1][i]+f[s−k][i+k]+D(i,i+k)+D(i+k,i+s−1)}（s ＞ 4，1 ≤ k ≤ s−2）

以上面的 f[6][1] 为例，1 ≤ k ≤ 4，得到：

k=1，~~f[2][1]~~+f[5][2]+~~D(1,2)~~+D(2,6)=f[5][2]+D(2,6)　　图 6.24（a）

k=2，~~f[3][1]~~+f[4][3]+D(1,3)+D(3,6)=f[4][3]+D(1,3)+D(3,6)　　图 6.24（b）

k=3，f[4][1]+~~f[3][4]~~+D(1,4)+D(4,6)=f[4][1]+D(1,4)+D(4,6)　　图 6.24（c）

k=4，f[5][1]+~~f[2][5]~~+D(1,5)+~~D(5,6)~~=f[5][1]+D(1,5)　　图 6.24（d）

故 S_{np} 的最小值 =min{f[6][1],f[6][2],f[6][3],f[6][4],f[6][5],f[6][6]}。

为便于读者加深理解，再举 n=7 的例子，讨论 f[7][1] 的情况，如图 6.25 所示。

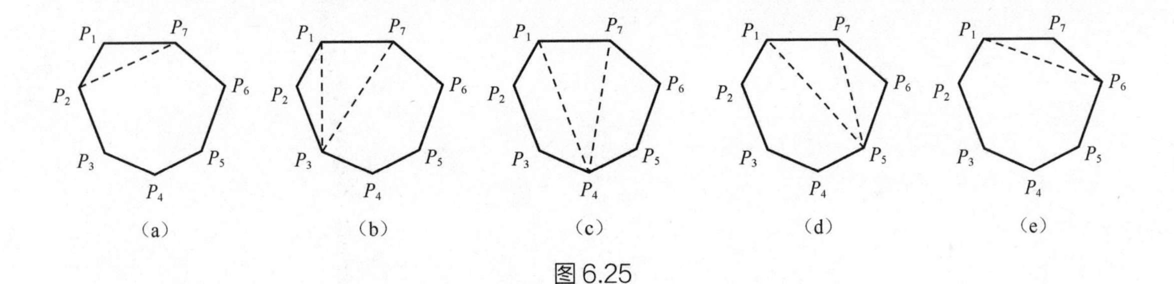

图 6.25

根据状态转移方程，可推出：

当 k=1 时，有 f[2][1]+f[6][2]+D(1,2)+D(2,7)　　图 6.25（a）

当 k=2 时，有 f[3][1]+f[5][3]+D(1,3)+D(3,7)　　图 6.25（b）

当 k=3 时，有 f[4][1]+f[4][4]+D(1,4)+D(4,7)　　图 6.25（c）

当 k=4 时，有 f[5][1]+f[3][5]+D(1,5)+D(5,7)　　图 6.25（d）

当 k=5 时，有 f[6][1]+f[2][6]+D(1,6)+D(6,7)　　图 6.25（e）

6.11 拓展与练习

- 306011 安排车厢
- 306012 归并石子 2
- 306013 添加号问题
- 306014 模拟人生
- 306015 矩阵连乘
- 306016 能量项链
- 306017 多边形魔法阵
- 306018 乘法游戏

第 7 章　路径问题

7.1 最短路径

【题目描述】最短路径（Shortest Path）

设有 10 个城市 $V_1,\cdots,V_{10}$，起点是 V_1，终点是 V_{10}，各个城市之间铺设了许多道路，且道路是单向的，如图 7.1 所示。例如，V_1 到 V_2 的距离是 2，V_1 到 V_3 的距离是 5……请编程求出从 V_1 到 V_{10} 的最短路径长度。

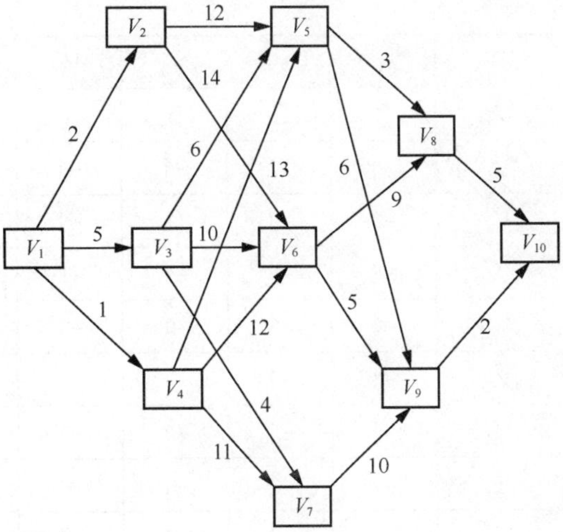

图 7.1

【输入格式】

第一行为 N，表示有 N（$N<100$）个城市。接下来的 N 行，每行有 3 个数字 a、b 和 c，表示从城市 a 到城市 b 的路径长度为 c。

最后一行以 0 0 0 结束。

【输出格式】

输出一个整数，即从城市 1 到城市 N 的最短路径长度。

【输入样例】

```
3
1 2 2
2 3 5
0 0 0
```

【输出样例】

```
7
```

【算法分析】

此题是一个多阶段决策问题，我们可以将图划分为图 7.2 所示的几个阶段。阶段的划分应遵循的原则：阶段 i 的值只与阶段 i+1 有关，阶段 i+1 的取值只对阶段 i 的取值产生影响。

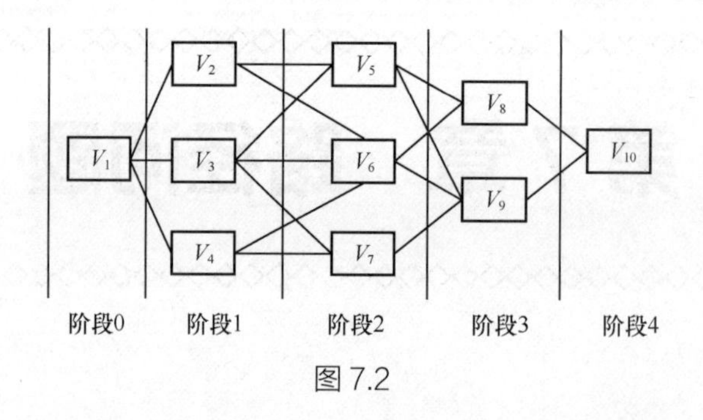

图 7.2

为了将各城市的路径信息用计算机表示出来，我们建立一个邻接矩阵，如表 7.1 所示。其中 −1 表示无路，0 表示自身，其他正数表示路径长度。例如第 2 行第 3 列的数字 2，即表示从 V_1 到 V_2 的路径长度为 2。

表 7.1

a[][]	V_1	V_2	V_3	V_4	V_5	V_6	V_7	V_8	V_9	V_{10}
V_1	0	2	5	1	−1	−1	−1	−1	−1	−1
V_2	−1	0	−1	−1	12	14	−1	−1	−1	−1
V_3	−1	−1	0	−1	6	10	4	−1	−1	−1
V_4	−1	−1	−1	0	13	12	11	−1	−1	−1
V_5	−1	−1	−1	−1	0	−1	−1	3	9	−1
V_6	−1	−1	−1	−1	−1	0	−1	6	5	−1
V_7	−1	−1	−1	−1	−1	−1	0	−1	10	−1
V_8	−1	−1	−1	−1	−1	−1	−1	0	−1	5
V_9	−1	−1	−1	−1	−1	−1	−1	−1	0	2
V_{10}	−1	−1	−1	−1	−1	−1	−1	−1	−1	0

设 $f(x)$ 表示点 x 到 V_{10} 的最短路径长度，其状态转移方程如下：

$f(x)=\min\{a[x][i]+f(i)\}$ （$a[x][i] > 0,\ x < i \leqslant n$）

边界条件为 $f(10)=0$。

例如从点 x 到 V_{10} 可通过 3 个点 i_1、i_2 和 i_3 到达，其距离分别为 $a[x][i_1]$、$a[x][i_2]$ 和 $a[x][i_3]$，又已知 i_1、i_2 和 i_3 到 V_{10} 的最短路径长度为 $f(i_1)$、$f(i_2)$ 和 $f(i_3)$，则点 x 到 V_{10} 的最短路径长度 $f(x)=\min\{a[x][i_1]+f(i_1),a[x][i_2]+f(i_2),a[x][i_3]+f(i_3)\}$，如图 7.3 所示。

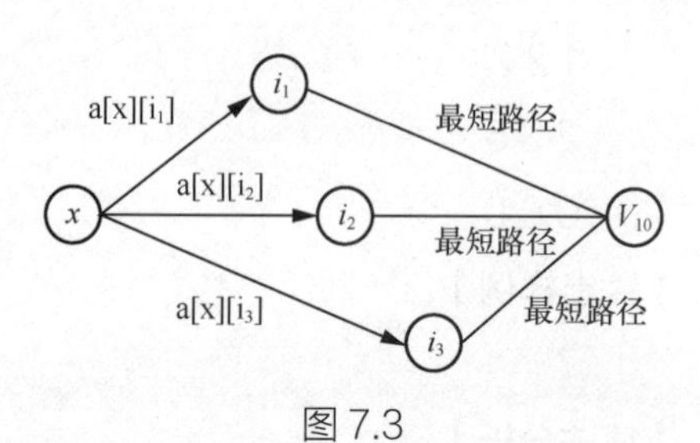

图 7.3

参考代码如下。

```
1  //最短路径
2  #include <bits/stdc++.h>
3  using namespace std;
4  const int IMAX=0x7fffffff;
```

```
5
6   int main()
7   {
8     int n,o,t,th;
9     scanf("%d",&n);
10    int a[n+1][n+1];
11    int f[n+1],path[n+1];     //f[] 数组用于保存最短路径长度，path[] 数组用于保存经过的路径
12    memset(path,0,sizeof(path));
13    memset(a,-1,sizeof(a));
14    while(o!=0 && t!=0 && th!=0)
15    {
16      cin>>o>>t>>th;
17      a[o][t]=th;
18    }
19    for(int i=1; i<=n-1; i++)                      //均初始化为最大值
20      f[i]=IMAX;
21    f[n]=0;
22    for(int i=n-1; i>=1; i--)
23      for(int j=n; j>i; j--)
24        if(a[i][j]>0 && f[j]!=IMAX && f[j]+a[i][j]<f[i])
25        {
26          f[i]=f[j]+a[i][j];
27          path[i]=j;
28        }
29    printf("%d\n",f[1]);
30    /*int x=1;
31    while(x!=0)                                   //输出路径
32    {
33      printf("%-5d",x);
34      x=path[x];
35    }*/
36    return 0;
37  }
```

其实该代码并不适合所有的数据，例如下面的测试数据。

4

1 3 1

3 2 1

2 4 1

1 4 20

0 0 0

即如图 7.4 所示的情形中，从点 1 到点 4 的最短路径长度应为 3，但运行结果却为 20。

这是因为该代码的运算顺序为从前到后求 $f(3)$、$f(2)$ 和 $f(1)$，而正确的运算顺序应为求 $f(2)$、$f(3)$ 和 $f(1)$，即所谓的拓扑排序。

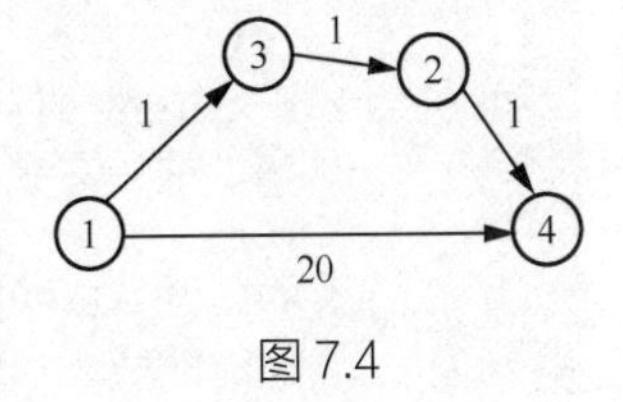

图 7.4

拓扑排序涉及入度的概念，入度是指某个点作为终点的次数和。例如图 7.4 中，点 4 的入度为 2，因为点 2 到点 4 有一条边，点 1 到

点4也有一条边；点3的入度为1，因为仅点1到点3有一条边；点1的入度为0，因为没有一条边的终点是点1。

拓扑排序的步骤如下（不考虑无解的情况）。

（1）从图中选择一个入度为0的点（可能有多个入度为0的点，任选一个即可）并输出。

（2）从图中删除该点及所有从该点出发的边（将与之相邻的所有点的入度减1即可）。

（3）反复执行上面两个步骤，直到整个拓扑排序完成。

例如有图7.5所示的有向图。开始时，点*a*和*b*的入度均为0，任选一点，如*b*（由此可看出，拓扑排序的结果可能并非唯一），将点*b*输出，并删除点*b*及其出边，如图7.6所示。

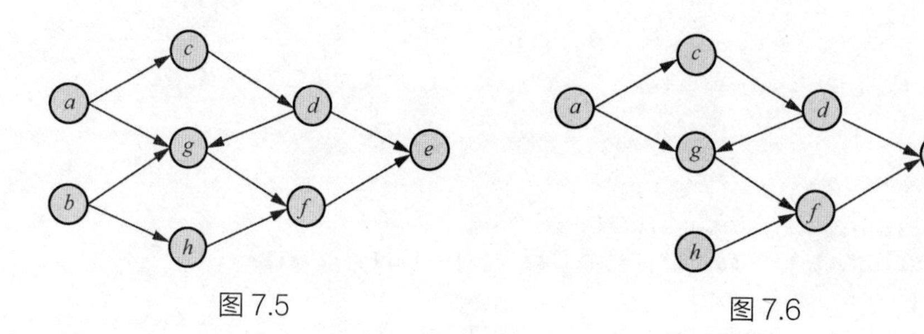

图7.5　　　　图7.6

此时点*a*和*h*的入度均为0，任选一点，如*h*，将点*h*输出，并删除点*h*及其出边，如图7.7所示。

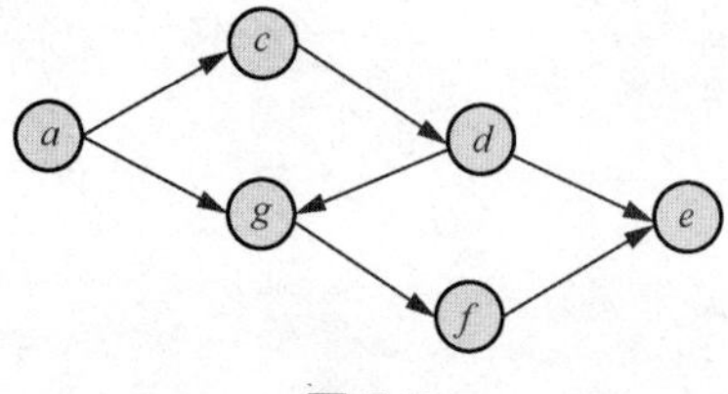

图7.7

以此方法删除所有点，则原图按点输出顺序形成的一种拓扑排序为*bhacdgfe*（可能有多种拓扑排序）。

参考代码如下。

```
//最短路径
#include <bits/stdc++.h>
using namespace std;
const int IMAX=0x7ffffff;

vector <int> vec;                                   //用于存放拓扑排序的值
int n,o=-1,t=-1,th=-1;
int a[101][101];

void TopSort(int a[101][101],int *indegree)        //拓扑排序
{
  queue <int> q;
  while(!q.empty() || vec.size()<n)
  {
    for(int i=1; i<=n; i++)
      if(indegree[i]==0)
      {
        q.push(i);                                  //将入度为0的点入队
        indegree[i]=-1;                             //标记为不可再访问
      }
    int v=q.front();
    vec.push_back(v);                               //取队首元素并放入拓扑排序数组
```

```
23      q.pop();                                    // 队首元素出队
24      for(int i=1; i<=n; i++)                     // 删除指向其他点的边
25        if(a[v][i]!=-1 && indegree[i]!=-1)
26          indegree[i]--;
27    }
28  }
29
30  int main()
31  {
32    scanf("%d",&n);
33    int f[n+1];
34    int indegree[n+1];                            // 保存每个点的入度
35    memset(f,127,sizeof(f));                      // 初始值为 0x7f7f7f7f
36    memset(indegree,0,sizeof(indegree));          // 每个点的初始入度为 0
37    memset(a,-1,sizeof(a));
38    while(o!=0 && t!=0 && th!=0)
39    {
40      cin>>o>>t>>th;
41      a[o][t]=th;
42      indegree[t]++;                              // 点 t 的入度加 1
43    }
44    TopSort(a,indegree);                          // 拓扑排序
45    f[n]=0;
46    for(int i=n-2; i>=0; i--)
47      for(int j=n-1; j>i; j--)
48      {
49        int I=vec[i],J=vec[j];
50        if(a[I][J]>0 && f[J]!=0x7f7f7f7f)
51          f[I]=min(f[I],f[J]+a[I][J]);
52      }
53    printf("%d\n",f[1]);
54    return 0;
55  }
```

拓扑排序主要用来解决有向图中的依赖解析（dependency resolution）问题。

例如有 N 个学生 ($1 \leqslant N \leqslant 26$)，他们的编号依次为 A、B、C、D、……，队列训练时，老师要让一些学生从高到矮依次排成一行。但老师不能直接获得每个学生的身高信息，只能获得“某某比某某高”这样的比较信息，例如 $A > B$、$B > D$、$F > D$ 等。

学生的身高关系对应一张有向图，图中的每一个点对应一个学生，根据比较信息，例如 $A > B$，可知需要从 A 点出发，以 B 点为终点连接一条有向边，其他同理，则学生的身高关系图如图 7.8 所示。

对此有向图的点进行拓扑排序，即按照高矮顺序将学生排成呈线性关系的一行（序列非唯一）。注意：有环图是不能进行拓扑排序的，如图 7.9 所示。

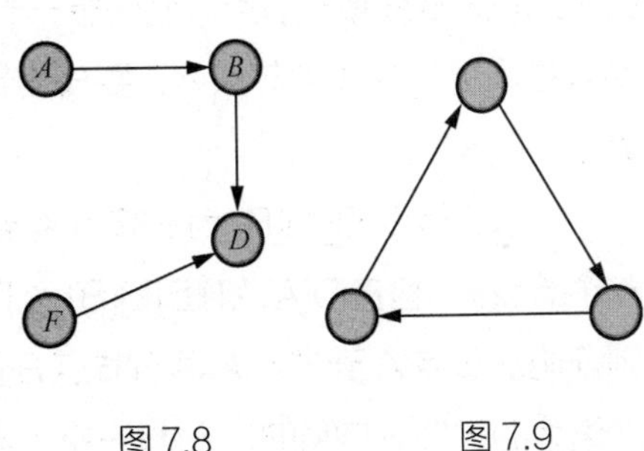

图 7.8　　图 7.9

7.2 最少交通费用问题

【题目描述】最少交通费用问题（road）

有 N（N < 100）个城市，某些城市之间有公路连接，因此可以通过公路直接或者间接地从一个城市到达另一个城市。任意有公路连接的两个城市之间，来回使用的交通工具不一样，所以交通费用也不一样。现在要从 A 城市出发去 B 城市，再返回 A 城市，请设计一条来回用的交通费用最少的线路。

【输入格式】

第一行有两个数 N 和 M（N 为城市数量，M 为城市之间的交通路线数量）。第二行至第 M+1 行分别有 3 个数字，前两个为城市编号，第三个为从一个城市到另一个城市所需的交通费用。第 M+2 行有两个数字，为两个求解的城市编号。

【输出格式】

输出一个整数，即最少交通费用。

【输入样例】

```
3 5
1 2 4
2 1 6
1 3 11
3 1 3
2 3 2
1 2
```

【输出样例】

```
9
```

【算法分析】

样例数据形成的图如图 7.10 所示。

此题为多源最短路径问题，使用 Floyd 算法即可。Floyd 算法的思想是，从任意一节点 A 到任意一节点 B 的最短路径不外乎两种，要么直接从节点 A 到节点 B，要么从节点 A 经过若干个节点 k 到节点 B。

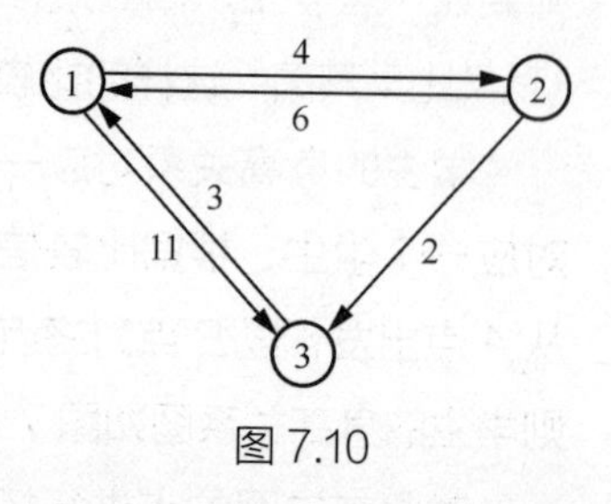

图 7.10

所以，假设 D[A][B] 为从节点 A 到节点 B 的最短路径，对于每一个节点 k，检查 D[A][k]+D[k][B] < D[A][B] 是否成立，如果成立，则证明从节点 A 到节点 k 再到节点 B 的路径比从节点 A 直接到节点 B 的路径短，更新 D[A][B] 的值为 D[A][k]+D[k][B]，这样一来，当遍历完所有节点 k，D[A][B] 中记录的便是从节点 A 到节点 B 的最短路径。

故设 D[i][j] 为从节点 i 至节点 j 的最短路径，状态转移方程如下：

D[i][j]=min{D[i][k]+D[k][j]}（$1 \leqslant k \leqslant n$）

由于该方程涉及 3 个变量 i、j 和 k，故需要三重循环，其时间复杂度是 $O(n^3)$。

其核心代码如下。

```
1	for(k=1; k<=n; k++)                                    //k 在最外层
2	    for(i=1; i<=n; i++)
3	      for(j=1; j<=n; j++)
4	        if(D[i][k]!=-1 && D[k][j]!=-1)
5	          if(D[i][k]+D[k][j]<D[i][j])
6	            D[i][j]=D[i][k]+D[k][j];
```

注意：循环变量 k 必须放在最外层，而不能放在最内层。因为如果将变量 k 放在最内层，就会过早地把从节点 i 到节点 j 的最短路径确定下来，当后面存在更短的路径时，从节点 i 到节点 j 的最短路径却已经不能再更新了。例如计算图 7.11 中从节点 A 到节点 B 的最短路径。

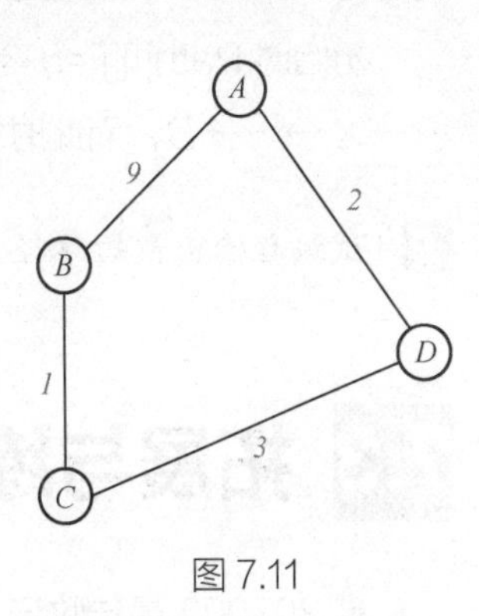

图 7.11

如果在最内层检查所有节点 k，那么对于 $A \to B$，我们只能发现一条路径，就是 $A \to B$，最短路径长度为 9。而这显然是不正确的，真正的最短路径应该是 $A \to D \to C \to B$，最短路径长度为 6。

参考代码如下。

```
1	//最少交通费用问题
2	#include <bits/stdc++.h>
3	using namespace std;
4	const int MAXN=101;
5	
6	int N,M,a,b,s;
7	int D[MAXN][MAXN];
8	
9	void Floyd()
10	{
11	  for (int k=1; k<=N; k++)
12	    for (int i=1; i<=N; i++)
13	      for (int j=1; j<=N; j++)
14	        if (D[i][k]!=-1 && D[k][j]!=-1)
15	          if (D[i][k]+D[k][j]<D[i][j] || D[i][j]==-1)
16	            D[i][j]=D[i][k]+D[k][j];
17	}
18	
19	int main()
20	{
21	  scanf("%d %d",&N,&M);
22	  memset(D,-1,sizeof(D));
23	  for (int i=1; i<=M; i++)
24	  {
25	    scanf("%d %d %d",&a,&b,&s);
26	    D[a][b]=s;
```

```
27      }
28      scanf("%d %d",&a,&b);
29      Floyd();
30      printf("%d\n",D[a][b]+D[b][a]);
31      return 0;
32  }
```

如果要求输出最短路径，那么可以借助一个辅助数组 Path[ ] 来实现。如果 Path[A][B] 的值为 P，则表示从节点 A 到节点 B 的最短路径是 $A\rightarrow\cdots\rightarrow P\rightarrow B$，接着查找 Path[A][P]；假设 Path[A][P] 的值为 L，则接着查找 Path[A][L]；假设 Path[A][L] 的值为 A，则查找结束，最短路径为 $A\rightarrow L\rightarrow P\rightarrow B$。

初始时 Path[i][j]=i，当发现 D[A][X]+D[X][B] < D[A][B] 成立时，就要把最短路径改为 $A\rightarrow\cdots\rightarrow X\rightarrow\cdots\rightarrow B$，而此时，Path[X][B] 的值是已知的，所以 Path[A][B]=Path[X][B]。

试编程输出最短路径。

7.3 拓展与练习

- 307003 最佳牧场
- 307004 巡逻线路
- 307005 换教室

第 8 章　资源类动态规划

8.1 机器分配

【题目描述】机器分配（machine）

工厂购进 M 台机器准备分给 N 个小组用于生产零件。各小组若获得这些机器，则可以生产一定数量的零件。每个小组有权获得任意数量的机器，但总数不得超过机器总数 M。问：如何分配这 M 台机器，才能使生产的零件数量最多？试求出所有小组最多能生产的零件的数量之和。

【输入格式】

第 1 行有 2 个数，第 1 个数是小组数 N（$N \leqslant 12$），第 2 个数是机器总数 M（$M \leqslant 15$）。接下来是一个 $N \times M$ 的矩阵，表明了第 i 个小组分配 j 台机器能生产的零件的数量。

【输出格式】

输出所有小组最多能生产的零件的数量之和。

【输入样例】

```
3 3
30 40 50
20 30 50
20 25 30
```

【输出样例】

```
70
```

【算法分析】

资源类动态规划算法在算法竞赛中也经常使用，这类型的题目表述一般是，给定 M 个资源，将其分配给 N 个部门，第 i 个部门获得 j 个资源有一定的盈利，问如何分配这 M 个资源能使获得的盈利最大，求最大盈利。

这类型的题目一般用资源数作状态，设数组 f[i][j] 表示前 i 个小组分配 j 个资源的最多零件生产数，value[i][j] 表示第 i 个小组分配 j 台机器能生产的零件的数量，则状态转移方程如下：

f[i][j]=max{f[i-1][k]+value[i][j-k]}（$1 \leqslant i \leqslant N$，$1 \leqslant j \leqslant M$，$0 \leqslant k \leqslant j$）

参考代码如下。

```
//机器分配
#include <bits/stdc++.h>
using namespace std;

int m,n;
int f[11][16],value[11][16];

void Show(int x,int num)                    //处理到第x个小组，剩num台机器没分配
{
  if (x==0)
    return;
  for (int i=0; i<=num; i++)                //依次判断最优解是否是i产生的
    if (f[x][num]==f[x-1][i]+value[x][num-i])
    {
      Show(x-1,i);
      cout<<x<<' '<<num-i<<endl;
      break;                                //输出一个解就退出循环，以防多输出
    }
}

int main()
{
  scanf("%d%d",&n,&m);
  for(int i=1; i<=n; i++)
    for(int j=1; j<=m; j++)
      scanf("%d",&value[i][j]);
  for(int i=1; i<=n; i++)                   //枚举小组
    for(int j=1; j<=m; j++)                 //枚举资源
      for(int k=0; k<=j; k++)               //枚举切割点
        f[i][j]=max(f[i-1][k]+value[i][j-k],f[i][j]);
  printf("%d\n",f[n][m]);                   //输出最多零件生产数
  //Show(n,m);                              //可输出分配情况
  return 0;
}
```

8.2 调度问题

【题目描述】调度问题（Sched）

用 2 台机器 A 和 B 处理 n 个作业。设将第 i 个作业交给机器 A 处理需要的时间为 a_i，交给机器 B 处理需要的时间为 b_i。由于作业的特点和机器的性能各不相同，因此很可能对于某些 i，有 $a_i \geqslant b_i$，而对于某些 j（$j \neq i$），有 $a_j < b_j$。不能将一个作业分开用 2 台机器处理，也没有一台机器能同时处理 2 个作业。

试找出一个最优调度方案，使 2 台机器处理完这 n 个作业的时间最短。

【输入格式】

第 1 行是 1 个正整数 n，表示要处理 n 个作业。接下来的 2 行中，每行有 n 个正整数，分别

表示机器 A 和机器 B 处理第 i 个作业需要的时间。

【输出格式】

输出最短处理时间。

【输入样例】

6

2 5 7 10 5 2

3 8 4 11 3 4

【输出样例】

15

最容易理解的状态转移方程是开辟一个布尔三维数组 p[i][j][k]，表示前 k 个作业可以在机器 A 用时不超过 i 且机器 B 用时不超过 j 的情况下完成。

状态转移方程为 $p[i][j][k] = p[i-a_k][j][k-1] \mid p[i][j-b_k][k-1]$。

则当 p[i][j][n] 为真时，计算 $\max(i,j)$，其最小值为最短处理时间。

进一步的优化是设 p[i][j][k] 表示前 k 个作业可由机器 A 在 i 时间内完成，由机器 B 在 j 时间内完成。如果将三维数组改为 int 类型用来保存完成时间，就可以将三维降到二维。例如保留第 1 维 i，则可以用 p[i][k] 表示前 k 个作业可由机器 A 在 i 时间内完成，由机器 B 在 p[i][k] 时间内完成。则状态转移方程如下：

$p[i][k]=\min\{ p[i-a_k][k-1], p[i][k-1]+b_k\}$

它表示若将第 k 个作业分给机器 A 处理，则机器 B 最少用时为 $p[i-a_k][k-1]$；若将第 k 个作业分给机器 B 处理，则机器 B 最少用时为 $p[i][k-1]+b_k$。

min{max(i,p[i][n])} 为最短处理时间。

使用滚动数组的参考代码如下。

```
1   //调度问题
2   #include <bits/stdc++.h>
3   using namespace std;
4   
5   int n,suma,sumb,ans=1e9;
6   int p[2000],A[201],B[201];
7   
8   int main()
9   {
10    cin>>n;
11    for(int i=1; i<=n; i++)
12    {
13      cin>>A[i];
14      suma+=A[i];
15    }
16    for(int i=1; i<=n; i++)
17    {
```

```
18          cin>>B[i];
19          sumb+=B[i];
20        }
21        for(int k=1; k<=n; k++)
22          for(int i=suma; i>=0; i--)
23            if(i>=A[k])
24              p[i]=min(p[i-A[k]],p[i]+B[k]);
25            else
26              p[i]=p[i]+B[k];
27
28        for(int i=0; i<=suma; i++)
29          ans=min(ans,max(i,p[i]));
30        cout<<ans<<endl;
31        return 0;
32      }
```

8.3 系统可靠性

【题目描述】系统可靠性（Reliable）HNOI 98

一个系统由 n 个部件串联而成，只要有一个部件出故障，系统就不能正常运行。为提高系统的可靠性，每一个部件都装有备用件，一旦原部件出故障，备用件就会自动进入系统。显然备用件越多，系统可靠性越高，但费用也越高。那么在总费用一定的情况下，系统的最高可靠性等于多少？

给定一些备用件的单价 C_k（C_k 为整数），以及当用 M_k 个此备用件时原部件正常工作的概率 $P_k(M_k)$，总费用的上限为 C，求系统可能的最高可靠性。

【输入格式】

第一行: n C

第二行: C_1 $P_1(0)$ $P_1(1)$ $\cdots$ $P_1(X_1)$（$0 \leqslant X_1 \leqslant [C/C_k]$）

……

第 n 行: C_n $P_n(0)$ $P_n(1)$ $\cdots$ $P_n(X_n)$（$0 \leqslant X_n \leqslant [C/C_n]$）

【输出格式】

输出系统可能的最高可靠性，保留 4 位有效数字。

【输入样例】

2 20

3 0.6 0.65 0.7 0.75 0.8 0.85 0.9

5 0.7 0.75 0.8 0.8 0.9 0.95

【输出样例】

0.6375

【算法分析】

设 f[i][j] 表示将 j 的费用用到前 i 个备用件中的最高可靠性，cost[i] 表示第 i 个备用件的单价，则有状态转移方程：

f[i][j]=max{f[i][j]，f[i-1][k] × p[i][(j-k)/cost[i]]}（$0 \leqslant k \leqslant j$ / cost[i]）

8.4 购物

【题目描述】购物（shopping）USACO 3.3.2

商店中每种商品都有一个价格。例如，一朵花的价格是 2 元，一个花瓶的价格是 5 元。为了吸引更多的顾客，商店提供了特殊优惠商品。

特殊优惠商品由一种或几种商品组成，并降价销售。例如，3 朵花的价格不是 6 元，而是 5 元；2 个花瓶加 1 朵花的价格不是 12 元，而是 10 元。

请编写一个程序，计算某位顾客所购商品的最低价格。请注意不能变更顾客所购商品的种类及数量，即使增加某些商品会使付款总额减少也不允许做出任何变更。假定各种商品的价格和优惠价如上所述，并且某位顾客购买的物品为 3 朵花和 2 个花瓶，那么顾客应付款 14 元。因为 1 朵花加 2 个花瓶的优惠价为 10 元，2 朵花的正常价为 4 元。

【输入格式】

输入包括商店提供的优惠信息和顾客的购物清单。

第 1 行为优惠商品的种类数 s（$0 \leqslant s \leqslant 99$）。

第 2 行到第 s+1 行，每一行都用几个整数来表示一种优惠方式。第 1 个整数 n（$1 \leqslant n \leqslant 5$）表示这种优惠方式由 n 种商品组成。后面 n 对整数 c 和 k，表示 k（$1 \leqslant k \leqslant 5$）个编号为 c（$1 \leqslant c \leqslant 999$）的商品共同构成这种优惠方式。最后的整数 p 表示这种优惠方式的优惠价（$1 \leqslant p \leqslant 9\,999$）。优惠价总是比原价低。

第 s+2 行有一个整数 b（$0 \leqslant b \leqslant 5$），表示顾客需要购买 b 种不同的商品。

第 s+3 行到第 s+b+2 行，这 b 行中的每一行包括 3 个整数：c、k 和 p。c 表示唯一的商品编号（$1 \leqslant c \leqslant 999$），$k$ 表示需要购买的 c 商品的数量（$1 \leqslant k \leqslant 5$），$p$ 表示 c 商品的原价（$1 \leqslant p \leqslant 999$）。最多购买 5 × 5=25 个商品。

【输出格式】

只有一行，输出一个整数，即购买这些商品的最低价格。

【输入样例】

```
2
1 7 3 5
2 7 1 8 2 10
2
```

7 3 2
8 2 5

【输出样例】

14

【算法分析】

由于商品不超过 5 种，且每种商品的购买数量不超过 5，因此可以用一个五维数组 $F[a_1][a_2][a_3][a_4][a_5]$ 表示买 a_1 件商品 1、a_2 件商品 2、a_3 件商品 3、a_4 件商品 4、a_5 件商品 5 时所需的最低价格。

如果用 S_i 表示第 i 条商品优惠组合，即 $(Si_1,Si_2,Si_3,Si_4,Si_5)$，则有状态转移方程：

$F[a_1][a_2][a_3][a_4][a_5]=F[a_1-Si_1][a_2-Si_2][a_3-Si_3][a_4-Si_4][a_5-Si_5]+S_i$

具体实现时，设 P[i][j]（$j \neq 0$）为第 i 个优惠方案中商品 j 的数量，P[i][1001] 为第 i 个优惠方案的优惠价，则有状态转移方程：

$F[a_1][a_2][a_3][a_4][a_5]=\min\{F[a_1-P[i][1]][a_2-P[i][2]][a_3-P[i][3]][a_4-P[i][4]][a_5-P[i][5]]+P[i][1001]\}$（$a_k-P[i][k] \geq 0$，$1 \leq k \leq 5$）

边界条件：F[0][0][0][0][0]=0。

参考代码如下。

```
1   //商店购物 —— 五维完全背包问题
2   #inclulde <bits/stdc++.h>
3   using namespace std;
4   const int MAXN=10;
5
6   struct Node
7   {
8     int c,k;
9   } S[MAXN];
10  int F[MAXN][MAXN][MAXN][MAXN][MAXN],P[105][1005];
11
12  int main()
13  {
14    int s,b,n,c;
15    cin>>s;
16    for(int i=1; i<=s; i++)                 //读入 s 种优惠商品的信息
17    {
18      cin>>n;
19      for(int j=1; j<=n; j++)
20      {
21        cin>>c;
22        cin>>P[i][c];                       //P[i][c] 为第 i 个优惠方案中商品 c 的数量
23      }
24      cin>>P[i][1001];                      //P[i][1001] 为第 i 个优惠方案的优惠价
25    }
26    cin>>b;
27    for(int i=1; i<=b; i++)                 //购买 b 种不同的商品
28    {
```

```
29          s++;
30          cin>>S[i].c>>S[i].k>>P[s][1001];     //将正常购物的价格假设为优惠方案的优惠价存入
31          P[s][S[i].c]=1;                       //假设的优惠方案中该商品为 1 个
32        }
33        memset(F,127/2,sizeof(F));
34        F[0][0][0][0][0]=0;
35        for(int i=1; i<=s; i++)  //遍历所有优惠方案
36        {
37          int A=P[i][S[1].c];     //购物清单中第 1 个商品的编号，在第 i 个优惠方案中的个数
38          int B=P[i][S[2].c];     //购物清单中第 2 个商品的编号，在第 i 个优惠方案中的个数
39          int C=P[i][S[3].c];     //购物清单中第 3 个商品的编号，在第 i 个优惠方案中的个数
40          int D=P[i][S[4].c];     //购物清单中第 4 个商品的编号，在第 i 个优惠方案中的个数
41          int E=P[i][S[5].c];     //购物清单中第 5 个商品的编号，在第 i 个优惠方案中的个数
42          for(int a=A; a<=S[1].k; a++)          //从 A 至顾客实际购买第 1 个商品的最多量
43            for(int b=B; b<=S[2].k; b++)        //从 B 至顾客实际购买第 2 个商品的最多量
44              for(int c=C; c<=S[3].k; c++)      //从 C 至顾客实际购买第 3 个商品的最多量
45                for(int d=D; d<=S[4].k; d++)    //从 D 至顾客实际购买第 4 个商品的最多量
46                  for(int e=E; e<=S[5].k; e++)//从 E 至顾客实际购买第 5 个商品的最多量
47                    F[a][b][c][d][e]=
48                      min(F[a][b][c][d][e],F[a-A][b-B][c-C][d-D][e-E]+P[i][1001]);
49        }
50        cout<<F[S[1].k][S[2].k][S[3].k][S[4].k][S[5].k]<<endl;
51        return 0;
52      }
```

再介绍一种最短路径算法：把每种状态 $[a_1][a_2][a_3][a_4][a_5]$（$a_1$ 件商品 1，a_2 件商品 2，a_3 件商品 3，a_4 件商品 4，a_5 件商品 5）看成一个点，则至多有 7 776 个点；而每个优惠就是一条边，则至多有 105 条边。接下来就是求 [0,0,0,0,0] 到目标状态的最短路径，用 Dijkstra 算法（Heap 优化）即可。

8.5 快餐问题

【题目描述】快餐问题（FastFood）wikioi 1260

快餐店为了招揽顾客，准备推出一种套餐，该套餐由 A 个汉堡、B 份薯条和 C 杯饮料组成。为了提高产量，快餐店引进了 N 条生产线。所有的生产线都可以生产汉堡、薯条和饮料，但由于每条生产线每天的生产时间是有限的、不同的，且汉堡、薯条和饮料的单位生产时间也是不同的，因此快餐店很为难，不知道如何安排生产才能使一天中的套餐产量最大。请你编写一个程序，计算一天中套餐的最大产量。为简单起见，假设汉堡、薯条和饮料的日产量均不超过 100。

【输入格式】

第 1 行为 3 个不超过 100 的正整数 A、B 和 C，中间以空格分开。第 2 行为 3 个不超过 100 的正整数 p_1、p_2 和 p_3，分别为汉堡、薯条和饮料的单位生产时间。第 3 行为一个整数 N（$0 \leqslant N \leqslant 10$）。第 4 行为 N 个不超过 10 000 的正整数，分别为各条生产线每天的生产时间，

中间以空格隔开。

【输出格式】

输出每天套餐的最大产量。

【输入样例】

2 2 2

1 2 2

2

6 6

【输出样例】

1

【算法分析】

因为每条生产线的生产是相互独立、互不影响的，所以此题可用生产线为阶段来进行动态规划求解。

但是如果设 f[i][j][k][l] 表示前 i 条生产线生产 j 个汉堡、k 份薯条、l 杯饮料的最大套餐数量，则基于此设定写出的代码是无法通过某些数据的。比如：

1 1 1

2 2 2

3

3 2 1

用 f[i][j][k] 表示前 i 条生产线在生产 j 个汉堡、k 份薯条的情况下最多可生产的饮料的杯数；

用 r[i][j][k] 表示第 i 条生产线在生产 j 个汉堡、k 份薯条的情况下最多可生产的饮料的杯数。

状态转移方程如下：

$f[i][j][k]=\max\{f[i-1][j_1][k_1]+r[i][j-j_1][k-k_1]\}$（$0 \leqslant j_1 \leqslant j \leqslant 100$，$0 \leqslant k_1 \leqslant k \leqslant 100$，且第 i 条生产线的生产时间 $T(i)$ 要有剩余，即 $(j-j_1)\times p_1+(k-k_1)\times p_2 \leqslant T[i]$）

又有：

$r[i][j-j_1][k-k_1]=(T[i]-(j-j_1)\times p_1-(k-k_1)\times p_2) / p_3$

则最终状态转移方程如下：

$f[i][j][k]=\max\{f[i-1][j_1][k_1]+(T[i]-(j-j_1)\times p_1-(k-k_1)\times p_2) / p_3\}$

该算法的时间复杂度是 $O(N\times 100^4)$，无法通过极限大数据，所以还需要继续优化。

仔细观察可以发现：由于汉堡、薯条和饮料的日产量均不超过 100，因此答案必定不会超过上限值 limit=min{100 /A,100/B,100/C}。这是一个很好的剪枝优化问题，即在开始用动态规划算法前，可以先用贪心算法算出 N 条生产线可以生产的套餐数量。在用动态规划算法求解的过程中，如果答案大于或等于上限值就退出循环。

参考代码如下。

```
1   // 快餐问题
```

```
2   #include <bits/stdc++.h>
3   using namespace std;
4
5   int a,b,c,p1,p2,p3,n,ans;
6   int f[11][101][101],t[11];
7
8   int main()
9   {
10    cin>>a>>b>>c>>p1>>p2>>p3>>n;
11    for(int i=1; i<=n; i++)
12      cin>>t[i];
13    int limit=min(100/a,min(100/b,100/c));              //最多生产的套餐数量
14    memset(f,-1,sizeof(f));
15    f[0][0][0]=0;
16    for(int i=1; i<=n; i++)                             //枚举生产线
17      for(int j=0; j<=limit*a; j++)
18        for(int k=0; k<=limit*b; k++)
19          for(int j1=0; j1<=j; j1++)
20            for(int k1=0; k1<=k; k1++)
21              if(f[i-1][j-j1][k-k1]!=-1 && t[i]>=j1*p1-k1*p2)//状态合法
22                if(f[i][j][k] >= limit*c)               //大于或等于上限值，退出循环
23                  j1=j+1;                               //退出第四重循环的设定
24                else
25                  f[i][j][k]=max(f[i][j][k],
26                           f[i-1][j-j1][k-k1]+(t[i]-j1*p1-k1*p2)/p3);
27    for(int i=0; i<=limit*a; i++)
28      for(int j=0; j<=limit*b; j++)
29        ans=max(ans,min(i/a,min(j/b,f[n][i][j]/c)));// 取A、B和C最少的套数来比较
30    cout<<ans<<endl;
31    return 0;
32  }
```

本题继续优化的思路如下。

（1）存储结构：由于每一阶段的状态只与上一阶段的状态有关，所以我们可以只用两个 100×100 的滚动数组来实现。为了加快速度，滚动数组每次交换时只需交换指针，这样比原来的数组间赋值要快。

（2）减少循环：计算每一阶段的状态无疑要用到四重循环，其实这当中有些循环是可以省略的。

8.6 拓展与练习

- 308006 抄写书稿
- 308007 魔法石测试
- 308008 粉刷匠

第 9 章　动态规划的简单优化

9.1 丝绸之路

【题目描述】丝绸之路（silk）

一支商队沿着丝绸之路走，经过 $N+1$ 个城市，第 0 个城市是起点长安（今西安）。商队在一天的时间内可以从一个城市到相邻的下一个城市，从第 $i-1$ 个城市到第 i 个城市的距离是 D_i，商队必须在 M 天内到达终点。

沙漠天气变化无常，在天气很不好时，商队前进会遇到很多困难。我们把第 j（$1 \leqslant j \leqslant M$）天的天气恶劣值记为 C_j，把第 j 天从第 $i-1$ 个城市移动到第 i 个城市的疲劳值记为 $D_i \times C_j$。

商队在一个城市时，可以有两种选择。

（1）移动：向下一个城市进发。

（2）休息：待在这个城市不动，没有疲劳值。

试求整个行程商队的最小疲劳值。

【输入格式】

第 1 行有 2 个整数 N 和 M（$1 \leqslant N, M \leqslant 1\,000$）。第 2 行有 N 个整数，表示距离 D_i（$1 \leqslant D_i \leqslant 1\,000$）。第 3 行有 M 个整数，表示天气恶劣值 C_j（$1 \leqslant C_j \leqslant 1\,000$）。

【输出格式】

输出整个行程商队的最小疲劳值。

【输入样例】

```
3 5
10 25 15
50 30 15 40 30
```

【输出样例】

```
1125
```

【样例说明】

$0+10 \times 30+25 \times 15+0+15 \times 30=1125$

9.1.1　动态规划算法一

设 f[i][j] 表示商队第 j 天到达第 i 个城市的最小疲劳值，那么商队在第 k 天到达第 i-1 个城市的最小疲劳值即 f[i-1][k]。其中 k 的取值范围为 $i \leqslant k \leqslant M-(N-i)$，商队到达第 i 个城市最快在第 i 天，最迟不能超过第 $M-(N-i)$ 天。则有状态转移方程：

f[i][j]=min{f[i-1][k]}+D[i]×C[j]　$[i \leqslant k \leqslant M-(N-i)]$

也就是说，如果找到了第 k 天到达上一个城市的最小疲劳值，那么一直休息到第 j 天再走过来的疲劳值就是最优值。

参考代码如下。

```
1   //丝绸之路 —— 动态规划算法一
2   #include <bits/stdc++.h>
3   using namespace std;
4   const int INF=0x7ffffff;
5
6   int D[1002],C[1002],f[1002][1002];
7
8   int main()
9   {
10    int N,M;
11    scanf("%d%d",&N,&M);
12    for(int i=1; i<=N; i++)
13      scanf("%d",&D[i]);
14    for(int i=1; i<=M; i++)
15    {
16      scanf("%d",&C[i]);
17      f[1][i]=D[1]*C[i];                  //初始化第 1 个城市
18    }
19    for(int i=2; i<=N; i++)               //从第 2 个城市开始
20      for(int j=i; j<=M-(N-i); j++)       //第 i 天到第 i 个城市，最晚不超过第 M-(N-i) 天
21      {
22        int Min=INF;
23        for(int k=j-1; k>=i-1; k--)
24          Min=min(Min,f[i-1][k]);
25        f[i][j]=Min+D[i]*C[j];            //最后再加 D[i]*C[j]，以优化时间
26      }
27    int ans=INF;
28    for(int i=N; i<=M; i++)
29      ans=min(ans,f[N][i]);
30    printf("%d",ans);
31    return 0;
32  }
```

9.1.2　动态规划算法二

动态规划算法一需要三重循环，时间复杂度较高，考虑将其优化到两重循环。

设 f[i][j] 表示第 j 天在第 i 个城市的最小疲劳值。商队不一定是在第 j 天走到第 i 个城市，可能

是前几天就到了第 i 个城市，一直休息到第 j 天，也可能是在第 j 天出发走到第 i 个城市。

则有状态转移方程：

$f[i][j]=\min\{f[i][j-1],f[i-1][j-1]+D[i]\times C[j]\}$

其中，f[i][j-1] 表示前几天就到了，一直休息到现在；f[i-1][j-1]+D[i] × C[j] 表示第 j 天走到第 i 个城市。

参考代码如下。

```
//丝绸之路 —— 动态规划算法二
#include <bits/stdc++.h>
using namespace std;
const int INF=0x7fffffff;

int D[1002],C[1002],f[1002][1002];

int main()
{
  int N,M;
  scanf("%d%d",&N,&M);
  for(int i=1; i<=N; i++)
    scanf("%d",&D[i]);
  for(int i=1; i<=M; i++)
    scanf("%d",&C[i]);
  memset(f,63,sizeof(f));
  for(int i=0; i<=M; i++)
    f[0][i]=0;
  for(int i=1; i<=N; i++)
    for(int j=i; j<=M-(N-i); j++)
      f[i][j]=min(f[i][j-1],f[i-1][j-1]+D[i]*C[j]);
  int ans=INF;
  for(int i=N; i<=M; i++)
    ans=min(ans,f[N][i]);
  printf("%d",ans);
  return 0;
}
```

9.1.3 动态规划算法三

因为在循环到第 j 天的时候，只会利用到第 j-1 天的疲劳值，所以可以将二维数组 f[i][j] 压缩成一维数组 f[i]，表示到达第 i 个城市的最小疲劳值。

有状态转移方程：

$f[j]=\min\{f[j-1]+d[j]\times c[i],f[j]\}$

计算时，应该把枚举天数放在第一重循环，因为每一天都有多个不同城市可以选择。

第二重循环应该逆序枚举每个城市，这样可以防止一天走到多个城市而导致连续计算的情况出现。

参考代码如下。

```
//丝绸之路 —— 动态规划算法三
#include <bits/stdc++.h>
using namespace std;

int f[1002],d[1002];

int main()
{
  memset(f,63,sizeof(f));
  f[0]=0;                              //到达第 0 个城市的最小疲劳值为 0
  int N,M;
  cin>>N>>M;
  for(int i=1; i<=N; i++)
    cin>>d[i];
  for(int i=1,c; i<=M; i++)            //枚举天数，因为第 i 天有多个城市可以选择
  {
    cin>>c;
    for(int j=min(i,N); j>=1; j--)  //在第 i 天最多能走到的城市为 min(i,N)
      f[j]=min(f[j],f[j-1]+d[j]*c);
  }
  cout<<f[N]<<endl;
  return 0;
}
```

9.2 双人游戏

【题目描述】双人游戏（game）USACO 3.3.5

将有 N 个正整数的序列放在一个游戏平台上，两位玩家轮流从序列的两端取数，取数后该数字会被去掉并累加到玩家的得分中。当数取尽时，游戏结束，最终得分多者获胜。

编写一个执行最优策略的程序，使玩家能在当前情况下得到可能的最高总分。程序要始终为第二位玩家执行最优策略。

【输入格式】

第一行为一个正整数 N（$2 \leqslant N \leqslant 100$），表示序列中正整数的个数。第二行至末行为用空格分隔的 N 个正整数（取值范围为 1 ~ 200）。

【输出格式】

只有一行，是用空格分隔的两个整数，即玩家一和玩家二最终的得分。

【输入样例】

```
6
4 7 2 9
5 2
```

【输出样例】

18 11

9.2.1 动态规划算法一

本题是一个博弈问题，可以用动态规划算法解决。

很容易想到：当先手在区间 [i,j] 中取了 *j* 之后，后手只能在区间 [i,j−1] 中取值；当先手在区间 [i,j] 中取了 *i* 之后，后手只能在区间 [i+1,j] 中取值。

设 sum[i][j] 表示从 *i* 到 *j* 的所有数字之和，dp[i][j] 表示先手在区间 [i,j] 中能获得的最大数字之和，则以区间 [i,j] 的长度作为划分阶段，有状态转移方程：

dp[i][j]=sum[i][j]−min{dp[i][j−1],dp[i+1][j]}

参考代码如下。

```
1  //双人游戏 —— 动态规划算法一
2  #include <bits/stdc++.h>
3  using namespace std;
4
5  int n,num[101],dp[101][101],sum[101][101];
6
7  int main()
8  {
9    cin>>n;
10   for (int i=1; i<=n; i++)
11     cin>>num[i];
12   for (int i=1; i<=n; i++)
13   {
14     sum[i][i]=num[i];
15     dp[i][i]=num[i];
16     for (int j=i+1; j<=n; j++)
17       sum[i][j]=sum[i][j-1]+num[j];
18   }
19   for (int l=1; l<n; l++)                          //区间宽度逐渐增大
20     for (int i=1; i<=n-l; i++)
21       dp[i][i+l]=sum[i][i+l]-min(dp[i][i+l-1],dp[i+1][i+l]);
22   cout<<dp[1][n]<<" "<<sum[1][n]-dp[1][n]<<endl;
23   return 0;
24 }
```

9.2.2 动态规划算法二

动态规划算法一中定义的二维数组 sum[i][j] 可以用一维数组 + 前缀和算法来表示，定义的二维数组 dp[i][j] 也可以用一维数组来表示。

参考程序如下。

```
1  //双人游戏 —— 动态规划算法二
2  #include <bits/stdc++.h>
```

```
3   using namespace std;
4
5   int n,dp[5001],sum[5001];
6
7   int main()
8   {
9     cin>>n;
10    for(int i=1; i<=n; i++)
11    {
12      cin>>dp[i];                                    //相当于 dp[i][i]
13      sum[i]=sum[i-1]+dp[i];                         //前缀和
14    }
15    for(int l=2; l<=n; l++)                          //区间宽度逐渐增大
16      for(int i=1; i<=n-l+1; i++)
17        dp[i]=sum[i+l-1]-sum[i-1]-min(dp[i+1],dp[i]);
18    cout<<dp[1]<<' '<<sum[n]-dp[1]<<endl;
19    return 0;
20  }
```

9.3 理想收入问题

【题目描述】理想收入问题（stock）

股票是一种有价证券，它的价格是变动的，一般来说，理想的股票交易就是在低价时买进，在高价时卖出。已知有人预测出了某只股票在未来几年的价格，他试图据此操作以获得理想收入。所谓理想收入，是指在股票交易中，以 1 元为本金可能获得的最高收入。理想收入中允许有非整数股票买卖。

已知股票在第 i（$1 \leqslant i \leqslant n$）天的价格是 $V[i]$ 元，求 n 天后的理想收入。

【输入格式】

第一行为 n（$1 \leqslant n \leqslant 100\ 000$）。随后有 n 个实数，依次为今后 n 天该只股票的价格，这 n 个实数可能分布在多行中。

【输出格式】

对于给定的输入，输出 n 天后的理想收入（精确到小数点后 4 位）。

【输入样例】

```
4
4.2 2.6
5.6 10.4
```

【输出样例】

```
4.0000
```

9.3.1 朴素算法

我们应该注意到一点：连续多次买入不如一次性买入，连续多次卖出不如一次性卖出。因为连续多次买入，必定有一次的价格是这几次的价格中最低的，那么其他次买入不如全都在价格最低那天进行，卖出同理。这意味着，买卖操作将成对出现，即一次买入后必定是一次卖出，一次卖出后必定是一次买入，而且最后一次操作必定是卖出，因为题目要求的是最后的理想收入。

假设 f[i] 为第 i 天卖出股票所能得到的最高收入，那么需要在上一次卖出股票时，得到尽可能高的收入，因此 f[i] 可以由前一次卖出股票所能得到的最高收入 f[j]（$0 \leqslant j < i$）转移而来。也就是说在这两次卖出之间还有一次买入的操作（假设在第 k 天买入股票），由此得到状态转移方程：

f[i]=max{f[j]/v[k]×v[i]}（$0 \leqslant j < i$，$j < k \leqslant i$）

初始状态 f[0]=1，表示开始前有 1 元本金。因为第一天之前就有收入，所以 j 可以取到 0。因为第 j 天收盘后不能再买入，所以 $k > j$；而在第 i 天可以先买入再卖出，所以 $k \leqslant i$。

时间复杂度为 $O(n^3)$，空间复杂度为 $O(n)$。

参考代码如下。

```
1   //理想收入问题 —— 朴素算法
2   #include <bits/stdc++.h>
3   using namespace std;
4
5   int main()
6   {
7     int n;
8     scanf("%d",&n);
9     double v[n+1],f[n+1];
10    for(int i=1; i<=n; i++)
11      scanf("%lf",&v[i]),f[i]=0;
12    f[0]=1,v[0]=1;
13    for(int i=1; i<=n; i++)                              //动态规划
14      for(int j=0; j<i; j++)
15        for(int k=j+1; k<=i; k++)
16          f[i]=max(f[i],f[j]/v[k]*v[i]);
17    printf("%.4lf\n",f[n]);
18    return 0;
19  }
```

9.3.2 优化算法一

实际上可以省略一重循环，设 q[i] 表示前 i 天所能获得的最高收入，可列出如下状态转移方程：

q[1]=1

q[i]=max{q[i-1],q[j]/v[j]×v[i]}（$1 \leqslant j < i$）

该方程的含义：前 i 天所能获得的最高收入要么是前 i-1 天所能获得的最高收入，要么是在第 j 天买入，再在第 i 天卖出能获得的最高收入。

时间复杂度为 $O(n^2)$。

参考代码如下。

```
1   //理想收入问题 —— 优化算法一
2   #include <bits/stdc++.h>
3   using namespace std;
4
5   double q[100010],v[100010];
6
7   int main()
8   {
9     int n;
10    cin>>n;
11    for(int i=1; i<=n; i++)
12      cin>>v[i];
13    q[1]=1;
14    for(int i=1; i<=n; i++)
15      for(int j=1; j<i; j++)
16        q[i]=max(q[i-1],q[j]/v[j]*v[i]);
17    cout<<setprecision(4)<<fixed<<q[n]<<'\n';
18    return 0;
19  }
```

9.3.3 优化算法二

一般来说，改变动态规划中状态表示的含义是优化动态规划算法的常用方法。现设 p[i] 表示前 i 天能获得的最多股票数，则可列出如下状态转移方程：

p[1]=1.0/v[1]

p[i]=max{p[i−1],p[j]×v[j]/v[i]}（$1 \le j < i$）

该方程的含义：前 i 天所能获得的最多股票数要么是前 i−1 天获得的最多股票数，要么是在第 j 天将前 j 天获得的最多股票全部卖出，再在第 i 天买入的股票数。

最后将股票数乘以股价即得到最高收入，其时间复杂度为 $O(n^2)$。

参考代码如下。

```
1   //理想收入问题 —— 优化算法二
2   #include <bits/stdc++.h>
3   using namespace std;
4
5   double v[100010],p[100010];
6
7   int main()
8   {
9     int n;
10    cin>>n;
11    for(int i=1; i<=n; i++)
12      cin>>v[i];
13    p[1]=1.0/v[1];
14    for(int i=1; i<=n; i++)
```

```
15      for(int j=1; j<i; j++)
16        p[i]=max(p[i-1],p[j]*v[j]/v[i]);
17    cout<<setprecision(4)<<fixed<<p[n]*v[n]<<'\n';
18    return 0;
19  }
```

9.3.4 优化算法三

在“朴素算法”小节中，f[i] 的定义为第 i 天卖出股票所能得到的最高收入。现在稍微对这个定义进行修改：到第 i 天收盘所能得到的最高收入，即不再要求第 i 天必须卖出。

这意味着，到第 i 天收盘有两个选择。

（1）这天不卖出。那么这天所能得到的收入应该等于前一天得到的收入，即 f[i]=f[i−1]。

（2）这天卖出。那么和朴素算法一样，之前一定有个买入操作，假设在第 j+1 天买入，那么 f[i]=f[j]/v[j+1]×v[i]。这里可以发现，在更改了定义之后，原来的 f[j]/v[k] 也被改为了 f[j]/v[j+1]。这是因为在新定义中，f[j] 表示第 j 天收盘时所得到的最高收入，也就是第 j+1 天开盘时所能得到的最高收入，这就省略了之前确定上次在哪一天卖出才能获得最高收入的一层循环。

可得到状态转移方程：

f[i]=max{f[i−1],f[j]/v[j+1]×v[i]} （$0 \leqslant j < i$）

参考代码如下。

```
1   //理想收入问题 —— 优化算法三
2   #include <bits/stdc++.h>
3   using namespace std;
4
5   int main()
6   {
7     int n;
8     scanf("%d",&n);
9     double v[n+1],f[n+1];
10    for(int i=1; i<=n; i++)
11      scanf("%lf",&v[i]);
12    f[0]=1;
13    for(int i=1; i<=n; i++)
14    {
15      f[i]=f[i-1];
16      for(int j=0; j<i; j++)
17        if(f[j]/v[j+1]*v[i] > f[i])
18          f[i]=f[j]/v[j+1]*v[i];
19    }
20    printf("%.4lf\n",f[n]);
21    return 0;
22  }
```

9.3.5 优化算法四

现在我们从另一个角度来定义方程，使其时间复杂度降至 $O(n)$。

设 f[i] 表示到第 i 天收盘时所能获得的最高收入，设 g[i] 表示到第 i 天收盘时所能获得的最多股票数，注意：第 i 天收盘时和第 i+1 天开盘时的收入是一样的。可得到以下两个状态转移方程。

（1）f[i]=max{f[i−1],g[i−1]×v[i]}，表示第 i 天若不卖出，则收入同前一天的收入，否则收入是把今天开盘时拥有的股票全卖出的钱。

（2）g[i]=max{g[i−1],f[i−1]/v[i]}，表示第 i 天若不买入，则股票数同前一天的股票数，否则为用今天开盘时拥有的钱买入的股票数。

初始状态为 f[0]=1，g[0]=0，表示第 1 天开盘前拥有 1 元本金，没有股票。

参考代码如下。

```
1   //理想收入问题 —— 优化算法四
2   #include <bits/stdc++.h>
3   using namespace std;
4   
5   int main()
6   {
7     int n;
8     scanf("%d",&n);
9     double v[n+1],f[n+1],g[n+1];
10    for(int i=1; i<=n; i++)
11      scanf("%lf",&v[i]);
12    f[0]=1;
13    g[0]=0;
14    for(int i=1; i<=n; i++)
15    {
16      g[i]=max(g[i-1],f[i-1]/v[i]);
17      f[i]=max(f[i-1],g[i-1]*v[i]);
18    }
19    printf("%.4lf\n",f[n]);
20    return 0;
21  }
```

9.3.6　贪心算法

从题目可以看出：

（1）若一直没有进行股票买卖，那么总价值便不会上升，当然也不会下降；

（2）只有买入时的股价比卖出时的股价低，才能使总价值上升，即只有股价上涨才能使总价值上升。

如此可以得出一个贪心策略：平时用钱来保值，当股价快要上涨时再将钱换成股票，使总价值能够上涨。

这个策略比较好证明：每次操作必定是将钱全换成股票或者是将股票全换成钱。

因此股票涨价后的总价值 = 原总价值 /v[前]×v[后]=k× 原总价值，其中 k=v[后]/v[前]。

每次涨价的比值 k 是不变的，因此每次使所有股票涨价的总价值肯定比只选取一部分股票涨价的总价值要高。

具体操作如下:

(1)若明天的股价比今天的股价低,那么不操作;

(2)若明天的股价比今天的股价高,那么将钱全换成股票,明天股价上涨后再将股票换回钱。

参考代码如下。

```
//理想收入问题 —— 贪心算法
#include <bits/stdc++.h>
using namespace std;

int main()
{
  int n;
  double money=1,v[2];                                    //滚动数组
  scanf("%d %lf",&n,&v[0]);
  for(int i=1; i<n; i++)                                  //注意第一个数早已输入
  {
    scanf("%lf",&v[i&1]);
    if(v[i&1]>v[i-1&1])
      money*=v[i&1]/v[i-1&1];
  }
  printf("%.4lf\n",money);
  return 0;
}
```

9.4 唱片录制

【题目描述】唱片录制(record)USACO 96 Raucous Rockers

“破锣乐队”录制了$n(1 \leqslant n \leqslant 20)$首歌曲,并计划从中选择一些歌曲来发行$m(1 \leqslant m \leqslant 20)$张唱片,每张唱片至多包含$t\ (1 \leqslant t \leqslant 20)$分钟的音乐,唱片中的歌曲不能重复,且一首歌曲不能前后断开放置在两张唱片上。按下面的标准进行选择:

(1)唱片中的歌曲必须按照它们的创作顺序排序;

(2)包含的歌曲的总数尽可能多。

输入n、m、t和n首歌曲的时长,n首歌曲按照创作顺序排序,没有一首歌曲的时长超过一张唱片的时长,而且不可能将所有歌曲都放在同一张唱片中。

【输入格式】

第一行有3个整数,即n、m和t。第二行为n首歌曲的时长。

【输出格式】

输出能包含的最多歌曲数目。

【输入样例】

4 2 5

4 2 4 3

【输出样例】

3

本题要求唱片中的歌曲必须按照它们的创作顺序排序，这就满足了动态规划的无后效性要求，启发我们采用动态规划算法进行解题（其实因为数据规模小，使用搜索算法也是可以的）。

9.4.1　动态规划算法一

该问题具有最优子结构性质，即设最优录制方案中开始录制第 i 首歌曲的位置是第 j 张唱片的第 k 分钟，那么前 $j-1$ 张唱片和第 j 张唱片的前 $k-1$ 分钟是前 $i-1$ 首歌曲的最优录制方案，也就是说，问题的最优解包含了子问题的最优解。

设第 i 首歌曲的时长为 Long[i]，设 g[i][j][k] 表示前 i（$0 \leqslant i \leqslant n$）首歌曲用 j（$0 \leqslant j \leqslant m$）张唱片另加 k（$0 \leqslant k < t$）分钟来录制，最多可以录制的歌曲数目，则问题的最优解为 g[n][m][0]。歌曲 i 有发行和不发行两种情况，而且另加的 k 分钟有够录制和不够录制歌曲 i 两种情况，因此可以得到如下的状态转移方程和边界条件。

（1）当 $i \geqslant 1$，$k \geqslant$ Long[i]（即另加的 k 分钟能录制歌曲 i）时：

g[i][j][k]=max{g[i-1][j][k-Long[i]]+1,g[i-1][j][k]}，为 0/1 背包问题。

（2）当 $i \geqslant 1$，$k <$ Long[i]（即另加的 k 分钟不能录制歌曲 i）时：

g[i][j][k]=max{g[i-1][j-1][t-Long[i]]+1,g[i-1][j][k]}，表示占用前一张唱片的空间，或不录制。

边界条件：当 $0 \leqslant k < t$ 时，g[0][0][k]=0。

上述算法的状态总数为 $O(n \times m \times t)$，每个状态转移的状态数为 $O(1)$，每次状态转移的时间为 $O(1)$，所以总的时间复杂度为 $O(n \times m \times t)$。由于 n、m 和 t 均不超过 20，所以可以满足要求。

参考代码如下。

```
1   //唱片录制 —— 动态规划算法一
2   #include <bits/stdc++.h>
3   using namespace std;
4
5   int g[21][21][21],Long[21];
6
7   int main()
8   {
9     int n,m,t;
10    scanf("%d%d%d",&n,&m,&t);
11    for (int i=1; i<=n; i++)
12      scanf("%d",&Long[i]);
13    for (int i=1; i<=n; i++)                          //遍历歌曲
14      for (int j=0; j<=m; j++)                        //枚举唱片
15        for (int k=0; k<t; k++)                       //k不超过唱片时长
16          if (k>=Long[i])                             //k足够录制
```

```
17            g[i][j][k]=max(g[i-1][j][k],g[i-1][j][k-Long[i]]+1);
18          else if(t-Long[i]>=0 && j>0)                          //不录制或录制到前一张
19            g[i][j][k]=max(g[i-1][j][k],g[i-1][j-1][t-Long[i]]+1);
20          else
21            g[i][j][k]=g[i-1][j][k];
22    printf("%d\n",g[n][m][0]);
23    return 0;
24  }
```

9.4.2 动态规划算法二

设 f[i][j] 表示前 i 首歌在总时长为 j 的情况下能够录制的最大歌曲数，m 张唱片的总时长为 $t \times m$，故最终答案应输出 f[n][t×m]。

如果不将第 i 首歌曲放入唱片，则 f[i][j]=f[i−1][j]；如果将第 i 首歌曲放入唱片，则需要考虑以下两种情况：

（1）在总时长为 j 的情况下，显然 j%t 为最后一张唱片能用的时长，如果该时长可以放入第 i 首歌曲，则 f[i][j]=f[i−1][j−Long[i]]+1；

（2）如果第 i 首歌曲无法放入最后一张唱片（即 j%t < Long[i]），那么就只能将第 i 首歌曲放到前一张唱片里，则 f[i][j]=f[i−1][j/t×t−Long[i]]+1。

参考代码如下。

```
1   //唱片录制 —— 动态规划算法二
2   #include <bits/stdc++.h>
3   using namespace std;
4
5   int Long[21],f[21][21*21];
6
7   int main()
8   {
9     int n,m,t;
10    scanf("%d%d%d",&n,&m,&t);
11    for(int i=1; i<=n; i++)
12      scanf("%d",&Long[i]);
13    for(int i=1; i<=n; i++)
14      for(int j=1; j<=t*m; j++)
15      {
16        f[i][j]=f[i-1][j];
17        if(j%t>=Long[i])
18          f[i][j]=max(f[i][j],f[i-1][j-Long[i]]+1);
19        else if (j/t*t-Long[i]>=0)
20          f[i][j]=max(f[i][j],f[i-1][j/t*t-Long[i]]+1);
21      }
22    printf("%d\n",f[n][t*m]);
23    return 0;
24  }
```

9.4.3 动态规划算法三

当数据规模较大时，上述算法就无法满足要求了，此时可以考虑通过改进状态提高算法的时间效率。

可以看出，本题等价于在录制给定数量的歌曲时尽可能少地使用唱片。所谓“尽可能少地使用唱片”，就是指使用的完整的唱片数尽可能少，或是指在使用的完整的唱片数相同的情况下，另加的分钟数尽可能少。

定义结构体数组 dp[21][21]，每个结构体数组元素中包含两个整数 *a* 和 *b*，其中 *a* 表示用了 *a* 张唱片，*b* 表示第 *a* 张唱片只用了 *b* 分钟。dp[i][j] 表示在前 *i* 首歌曲中选取 *j* 首歌曲所占的最少唱片数。

当读取第 *i* 首歌曲的时长 Long 时，如果不将该歌曲放入唱片，则有 dp[i][j]=dp[i-1][j]。

如果将该歌曲放入唱片，则分两种情况讨论：

（1）如果最后一张唱片放得下，则第 *i* 首歌曲就录制在这张唱片上，得到 dp[i][j].a=dp[i-1][j-1].a，dp[i][j].b=Long+dp[i-1][j-1].b；

（2）如果最后一张唱片放不下，则需要再用一张新唱片，得到 dp[i][j].a=dp[i-1][j-1].a+1，dp[i][j].b=Long。

改进后的算法的总时间复杂度约为 $O(n^2)$。

参考代码如下。

```
1   //唱片录制 —— 动态规划算法三
2   #include <bits/stdc++.h>
3   using namespace std;
4   
5   struct Node
6   {
7     int a,b;
8     bool operator<(const Node &x) const                //重载操作符“<”
9     {
10      return a<x.a || (a==x.a && b<x.b);
11    }
12    bool operator<=(const Node &x) const               //重载操作符“<=”
13    {
14      return a<x.a || (a==x.a && b<=x.b);
15    }
16  } dp[21][21];
17  
18  int main()
19  {
20    int n,m,t,Long;
21    scanf("%d%d%d",&n,&m,&t);
22    memset(dp,0x3f3f3f3f,sizeof(dp));                  //赋值为 1061109567
23    for(int i=0; i<=n; ++i)                            //初始化
24    {
25      dp[i][0].a=1;
```

```
26          dp[i][0].b=0;
27        }
28        for(int i=1; i<=n; ++i)
29        {
30          scanf("%d",&Long);
31          if(Long<=t)
32            for(int j=1; j<=i; ++j)
33            {
34              if(Long+dp[i-1][j-1].b>t)                     //最后一张唱片放不下
35              {
36                dp[i][j].a=dp[i-1][j-1].a+1;
37                dp[i][j].b=Long;
38              }
39              else                                           //最后一张唱片放得下
40              {
41                dp[i][j].a=dp[i-1][j-1].a;
42                dp[i][j].b=Long+dp[i-1][j-1].b;
43              }
44              dp[i][j]=min(dp[i-1][j],dp[i][j]);
45            }
46        }
47        int Ans=0;
48        Node tmp= {m,t};
49        for(int j=n; j>=1; --j)                              //找到满足条件的最大值
50          if(dp[n][j]<=tmp)                                  //以重载操作符比较大小
51          {
52            Ans=j;
53            break;
54          }
55        printf("%d\n",Ans);
56        return 0;
57      }
```

结构体 Node 里重载了操作符“<”和“<=”，这样当两个结构体元素比较大小时，遵循的规则是先比较 a 的大小，在 a 的大小相同的情况下，再比较 b 的大小。

通过对本题进行优化，我们认识到，应用不同的状态表示方法设计出的动态规划算法的性能迥然不同。改进状态表示可以减少状态总数，进而降低算法的时间复杂度及空间复杂度。因此，减少状态总数在动态规划算法的优化中占有重要的地位。

9.5 相遇问题

【题目描述】相遇问题（encounter）ZJU 2271

有一位喜爱旅游的公主，她所在的国家由 $n \times n$ 个城镇组成，图 9.1 所示为 n=5 时的情况。假设左上方的城镇坐标为 (0,0)，公主的初始坐标为 (n/2,n/2)，即 A 方格，每天公主随心所欲地从一个城镇移动到另一个城镇，她的移动方向可以为上、下、左、右。王子的初始坐标为 (-1,n/2)，即 B 方格，但王子每天只能从左到右移动到下一个城镇。请问：王子在移动出这个国家之前，有多大的概率会遇到公主?

图 9.1

【输入格式】

输入一个整数，即“棋盘”大小 n（n=2×k-1 且 2 ≤ k ≤ 2 001）。

【输出格式】

输出王子遇到公主的概率。如果概率为 0，则输出 0，否则保留小数点后 4 位输出。

【输入样例】

3

【输出样例】

0.6667

9.5.1　动态规划算法

本题属于简单的概率动态规划问题，关于概率的计算，我们可以参照图 9.2。假设中间方格的概率为 1，则很明显，其上、下、左、右方格的概率都应该为 1/4，因为其 4 个方向的概率应该是均等的。

但是不是所有方格的概率计算都是如此呢？很显然不是。例如当概率为 1 的方格位于顶角处时，其相邻方格的概率应该各为 1/2，如图 9.3（a）所示；当概率为 1 的方格位于边线处时，其相邻方格的概率应该各为 1/3，如图 9.3（b）所示。

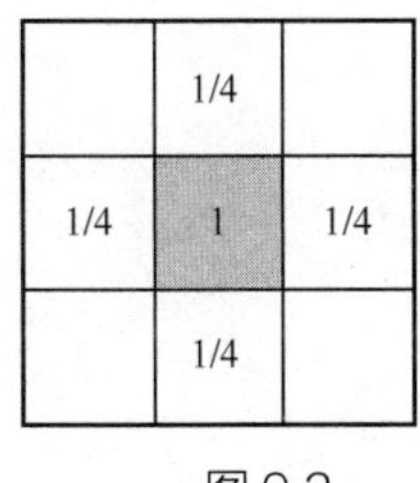

图 9.2

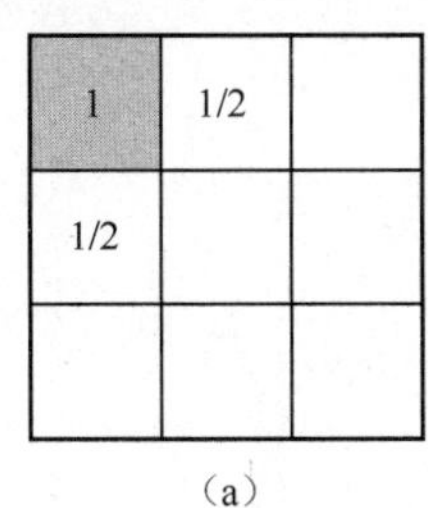

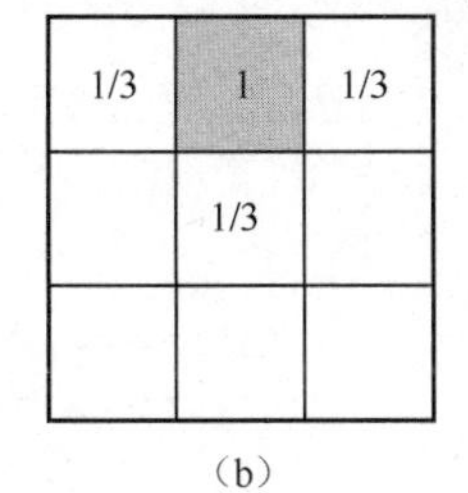

图 9.3

解决了概率计算的问题，我们再来考虑算法，这道题最适合使用动态规划算法，相关信息如下。

阶段：时间 t。

状态：f[t][i][j] 为公主在时间 t 到达 (i, j) 的概率。

边界条件：f[0][n/2][n/2]=1。

状态转移方程：f [t][i][j]=f[t−1][i−1][j] / Dir[i−1][j]+f[t−1][i+1][j] / Dir[i+1][j]+f[t−1][i][j−1] / Dir[i][j−1]+f[t−1][i][j+1] / Dir[i][j+1]

其中 Dir[i][j] 为从 i 点可以扩展出的方向（例如当 n=3 时，Dir[1][1]=2，Dir[1][2]=3，Dir [2][2]=4）。

因为王子一直是往右移动的，所以他移动到任意一点的概率都是 1。

所以结果 ans= ∑f[t][k][t]（t=1,⋯,n）。

根据上面的状态转移方程，多数人会写出如下代码。

```
1   //相遇问题 —— 动态规划算法
2   #include <bits/stdc++.h>
3   using namespace std;
4
5   int n;
6   float f[100][100][100];
7
8   int Dir(int x,int y)
9   {
10    if((x==1 && y==1)||(x==n && y==n)||(x==1 && y==n)||(x==n && y==1))
11      return 2;                                              //4 个角
12    else if(x==1 || y==1 || x==n || y==n)
13      return 3;                                              //4 条边
14    else
15      return 4;
16  }
17
18  int main()
19  {
20    float ans=0;
21    scanf("%d",&n);
22    int k=(n+1)>>1;
23    f[0][k][k]=1;                                            //将公主的位置设置为 1
24    for(int t=1; t<=n; t++)                                  //枚举时间
25    {
26      for(int i=1; i<=n; i++)
27        for(int j=1; j<=n; j++)
28        {
29          f[t][i][j]+=f[t-1][i-1][j]/Dir(i-1,j);
30          f[t][i][j]+=f[t-1][i][j-1]/Dir(i,j-1);
31          f[t][i][j]+=f[t-1][i+1][j]/Dir(i+1,j);
32          f[t][i][j]+=f[t-1][i][j+1]/Dir(i,j+1);
33        }
34      ans+=f[t][k][t];
35    }
36    printf("%.4f",ans);
37    return 0;
38  }
```

输入 3，这个程序的运行结果是 0.833 3，和标准答案相差很多，是不是还有什么地方疏忽了呢?

其实王子与公主在某一个方格相遇后，该方格的概率计算就应该结束了，否则就会出现两人在该方格相遇了，在下一个方格还相遇的概率叠加的情况。所以在计算王子与公主在下一个方格相遇的概率时，该方格的概率就应该清零，以免重复计算。

另外，还可以通过以下两方面优化该程序。

（1）可以使用二维滚动数组以节约空间。

（2）可以直接为数组 Dir[i][j] 赋初值，而不使用函数返回值的方式，以提高运行速度。

改好的参考代码如下，但该代码只能通过一部分测试数据。

```
1   // 相遇问题 —— 动态规划算法的优化一
2   #include <bits/stdc++.h>
3   using namespace std;
4
5   int main()
6   {
7     int Dir[301][301];
8     float p[301][301]= {0},q[301][301]= {0};// 滚动数组，用于存储概率
9     int n;
10    scanf("%d",&n);
11    int k=(n+1)>>1;                       // 计算出公主的初始位置
12    q[k][k]=1;                            // 公主的初始位置的概率为 1，时间为 0
13    for(int i=0; i<=n+1; i++)             // 计算 Dir[x][y]，此处扩大了一圈以防越界
14      for(int j=0; j<=n+1; j++)
15        if((i==1 && j==1)||(i==1 && j==n)||(i==n && j==1)||(i==n && j==n))
16          Dir[i][j]=2;                    // 当城镇位于 4 个角处时，其概率为 1/2
17        else if(i==1||j==1||i==n||j==n)
18          Dir[i][j]=3;                    // 当城镇位于 4 条边处时，其概率为 1/3
19        else
20          Dir[i][j]=4;                    // 否则其概率为 1/4
21    float ans=0;
22    for(int t=1; t<=n; t++)               // 遍历时间 t
23    {
24      memset(p,0,sizeof(p));              // 刷新数组 p
25      for(int i=1; i<=n; i++)
26        for(int j=1; j<=n; j++)
27        {
28          p[i][j]+=q[i][j-1]/Dir[i][j-1];// 数组 q 存储的是上一时间的概率
29          p[i][j]+=q[i][j+1]/Dir[i][j+1];
30          p[i][j]+=q[i+1][j]/Dir[i+1][j];
31          p[i][j]+=q[i-1][j]/Dir[i-1][j];
32        }
33      ans+=p[k][t];
34      p[k][t]=0;                           // 将概率清零以避免重复
35      memcpy(q, p, sizeof(p));             // 滚动数组的复制
36    }
37    ans<=0.00001 ? printf("0\n") : printf("%.4f\n",ans);
38    return 0;
39  }
```

9.5.2 普通递归算法

可以发现，当公主与王子在相邻的方格中时，他们是永远也不可能相遇的，如图 9.4 所示。如果第 t 天王子与公主在相邻的方格中，那么王子与公主各往水平方向退一格（王子向左退一

格，公主向右退一格），也就是到第 t-1 天的位置，王子和公主也是不可能相遇的，如图 9.5 所示。

图 9.4　　图 9.5

因为如果公主往左边移动去找王子，那么就会出现相邻的情况；如果公主上下移动来等王子追上来，显然也是不可能的（又会出现相邻的情况）。几种情况的示意如图 9.6 所示。

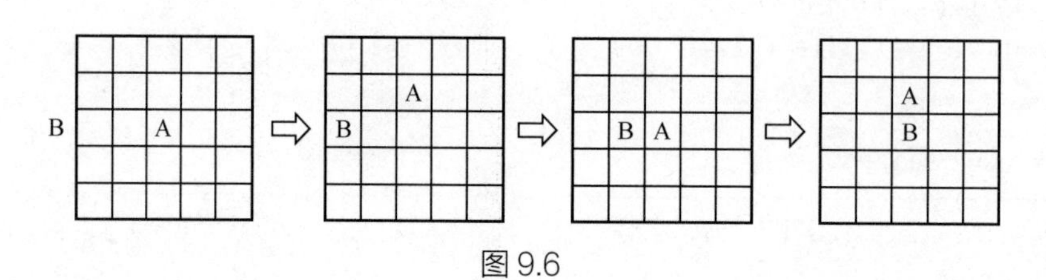

图 9.6

根据以上的分析可以继续设想：如果 n 够大，公主和王子继续往后退呢？由此得出一个结论：当王子与公主之间的方格数为偶数时，王子与公主不可能相遇，此时无须计算，直接输出 0 即可。

此外，当公主无论如何也走不到王子所在的位置时，则剪枝。

使用递归算法的参考代码如下。

```
1   //相遇问题 —— 普通递归算法
2   #include <bits/stdc++.h>
3   using namespace std;
4
5   int n,k,Dir[101][101];
6   double ans;
7   bool encounter=1;
8
9   void Init()
10  {
11    cin>>n;
12    k=(n+1)>>1;
13    if(k&1)                              //永远也不可能相遇的情况
14    {
15      encounter=0;
16      return;
17    }
18    for(int i=0; i<=n+1; ++i)            //统计(x,y)的路径数
19      for(int j=0; j<=n+1; ++j)
20        if((i==1&&j==1)||(i==1&&j==n)||(i==n&&j==1)||(i==n&&j==n))
21          Dir[i][j]=2;
22        else if(i==1||i==n||j==1||j==n)
23          Dir[i][j]=3;
24        else
25          Dir[i][j]=4;
```

```
26  }
27
28  void Fun(int t,int x,int y,double lv)// 第 t 天公主在坐标 (x,y) 处的概率为 lv
29  {
30    if(x<1||x>n||y<1||y>n||t>n)          // 若 (x,y) 越界或者时间超过，则返回
31      return;
32    if(x-(abs(y-k))<t)              // 剪枝：公主的坐标 (x,y) 无论如何都超不过王子的坐标 (t,k)
33      return;
34    if(t==x && y==k)                // 若王子与公主相遇
35    {
36      ans+=lv;                      // 概率累加
37      return;
38    }
39    Fun(t+1,x+1,y,lv/Dir[x][y]);    // 向右尝试
40    Fun(t+1,x-1,y,lv/Dir[x][y]);    // 向左尝试
41    Fun(t+1,x,y+1,lv/Dir[x][y]);    // 向上尝试
42    Fun(t+1,x,y-1,lv/Dir[x][y]);    // 向下尝试
43  }
44
45  int main()
46  {
47    Init();
48    if(encounter)                   // 如果有相遇的可能，则递归求解
49      Fun(0,k,k,1);                 // 时间为 0 时公主在 (k,k) 坐标处的概率为 1
50    cout<<setprecision(4)<<ans<<endl;
51    return 0;
52  }
```

9.5.3 优化递归算法

使用上面的递归算法程序可以通过绝大多数测试点，但必须继续优化以期通过所有测试点。

参照图 9.7，假设初始时公主的位置为 M，公主第一天移动到 A、B、C 和 D 的概率为 1/4，那么，逆向思考，从 A、B、C 和 D 移回 M 的概率就为 1/4+1/4+1/4+1/4=1。

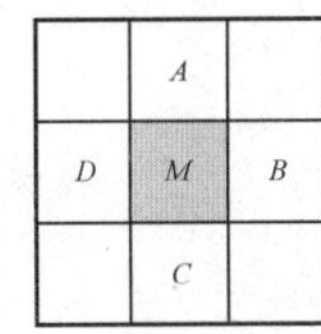

图 9.7

设 f[t][M] 为 t 时刻起从 M 出发碰到王子的概率，设 c[M][A] 为从 M 到 A 的概率。

则 f[t][M]=f[t+1][A]×c[M][A]+f[t+1][B]×c[M][B]+f[t+1][C]×c[M][C]+ f[t+1][D]×c[M][D]，且 c[M][A]=c[M][B]=c[M][C]=c[M][D]。

根据上述式子而优化得到的递归算法的代码如下。

```
1  // 相遇问题 —— 优化递归算法
2  #include <bits/stdc++.h>
3  using namespace std;
4  const int MAXN=312;
5
6  int n;
7  int Dir[MAXN][MAXN];
8  double c[MAXN][MAXN][MAXN];
```

```
9
10  double F(int day,int x,int y,double p)//p 为概率
11  {
12    if(day>n || Dir[x][y]==0)      // 如果超时或者坐标超过范围
13      c[day][x][y]=-1;             // 标记为 -1
14    if(c[day][x][y]==-1)           // 如果已被标记过不能遇到王子
15      return 0;                    // 返回 0
16    if(c[day][x][y]!=0)            // 如果已经求过时间 day 从 (x,y) 出发遇到王子的概率
17      return c[day][x][y];         // 直接返回值
18    if(day==x && y==(n>>1)+1)      // 如果公主与王子相遇，则返回概率
19    {
20      c[day][x][y]=p;
21      return p;
22    }
23    double t=F(day+1,x+1,y,p)+F(day+1,x-1,y,p)+F(day+1,x,y+1,p)+F(day+1,x,y-1,p);
24    if(t==0)                       // 如果没有遇到王子，则标记并退出
25    {
26      c[day][x][y]=-1;
27      return 0;
28    }
29    c[day][x][y]=t/Dir[x][y];      // 否则，求出时间 day 从 (x,y) 出发碰到王子的概率
30    return c[day][x][y];
31  }
32
33  int main()
34  {
35    scanf("%d",&n);
36    if(n%4==1)
37      puts("0");
38    else
39    {
40      for(int i=1; i<=n; i++)
41        for(int j=1; j<=n; j++)
42          Dir[i][j]=2+(i>1 && i<n)+(j>1 && j<n);
43      printf("%.4f\n",F(0,(n/2)+1,((n/2)+1),1));
44    }
45    return 0;
46  }
```

该程序可以通过 $n \leqslant 300$ 的所有测试数据。

9.5.4 宽度优先搜索算法

了解了递归算法的程序，可以很容易写出宽度优先搜索算法的程序，其参考代码如下（可通过部分测试数据，请考虑继续优化）。

```
1  // 相遇问题 —— 宽度优先搜索算法
2  #include <bits/stdc++.h>
3  using namespace std;
```

```
4
5   int Dir[101][101];
6   int n;
7   double ans;
8   struct Node
9   {
10    int day,x,y;
11    double p;
12  } o;
13  queue <Node> q;
14
15  void Push(int day,int x,int y,double p)          // 入队列
16  {
17    if(x==day && y==(n>>1)+1)                       // 如果相遇，则累加概率，但不入队列
18      ans+=p;
19    else
20      q.push(Node {day,x,y,p});                     // 入队列，语法为 C++11 标准
21  }
22
23  int main()
24  {
25    cin>>n;
26    if(!(n%4==1))
27    {
28      for(int i=1; i<=n; i++)
29        for(int j=1; j<=n; j++)
30          Dir[i][j]=2+(i>1 && i<n)+(j>1 && j<n);
31      q.push(Node {0,(n>>1)+1,(n>>1)+1,1});          // 语法为 C++11 标准
32      while(!q.empty())
33      {
34        o=q.front();
35        q.pop();
36        if(o.day>n||o.x-abs(o.y-((n>>1)+1))<o.day)// 剪枝，可考虑进一步优化
37          continue;
38        double t=o.p/Dir[o.x][o.y];                 // 计算向四周移动的概率
39        if(Dir[o.x+1][o.y])
40          Push(o.day+1,o.x+1,o.y,t);
41        if(Dir[o.x-1][o.y])
42          Push(o.day+1,o.x-1,o.y,t);
43        if(Dir[o.x][o.y+1])
44          Push(o.day+1,o.x,o.y+1,t);
45        if(Dir[o.x][o.y-1])
46          Push(o.day+1,o.x,o.y-1,t);
47      }
48    }
49    cout<<setprecision(ans==0?0:4)<<fixed<<ans<<endl;
50    return 0;
51  }
```

9.5.5　动态规划算法的优化

普通递归算法的优化是建立在公主与王子相邻时各自往水平方向后退的基础上的，如果公主不是在水平方向上后退而是在垂直方向上后退呢？如图 9.8 所示。

在这种情况下，他们是不会相遇的。如果再多退 x 格，可以发现，当王子的位置一定时，公主在粗斜线经过的位置是不会与王子相遇的，如图 9.9 所示。

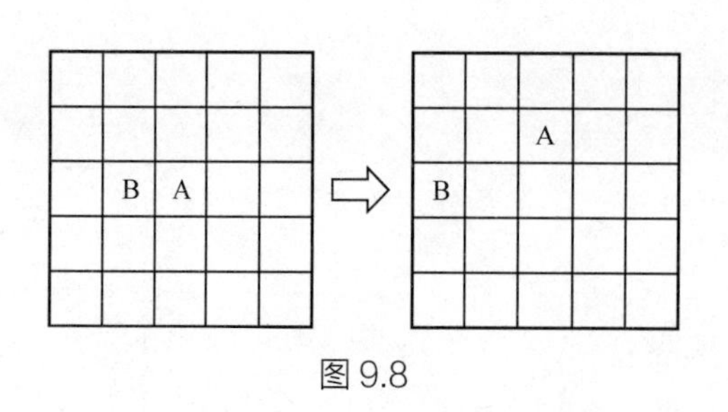

图 9.8

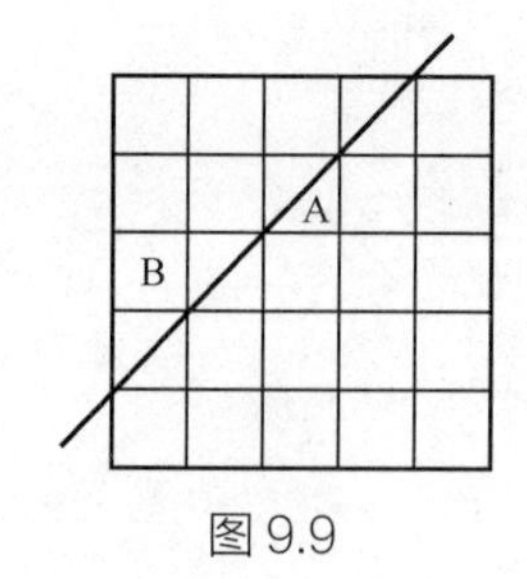

图 9.9

如果公主先往水平方向后退 t_1 格，再向垂直方向退 t_2 格，显然他们也是不能相遇的。于是，我们可以得到图 9.10 所示的方格（深色方格代表公主在这个方格里是不可能与正处于 B 方格中的王子相遇的）。

如何表示这些不可能相遇的方格呢？通过观察可知，任意一个深色方格与 B 方格的纵向与横向的方格数之差减 1 的和为偶数。于是得出：在某个状态下王子的坐标为 (x_1,y_1)，公主的坐标为 (x_2,y_2)，如果 $|x_1-x_2-1|+|y_1-y_2-1|$ 为偶数，那么公主就不会与王子相遇。

继续“剪枝”，可以发现，当公主在图 9.11 所示的两条射线的左侧时是不可能与王子相遇的。

于是，公主能与王子相遇的范围变成了图 9.12 所示的白色方格。

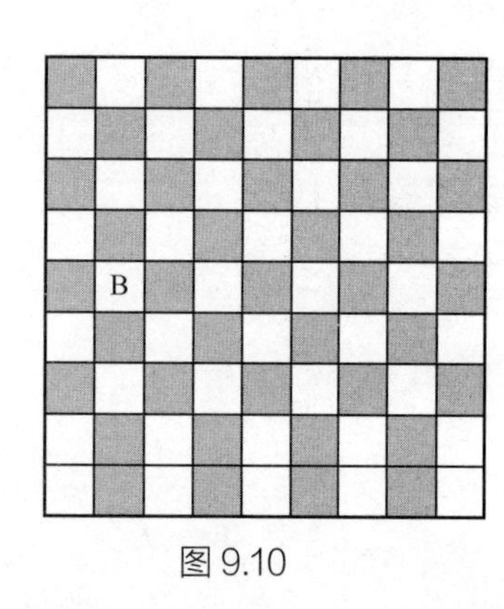

图 9.10

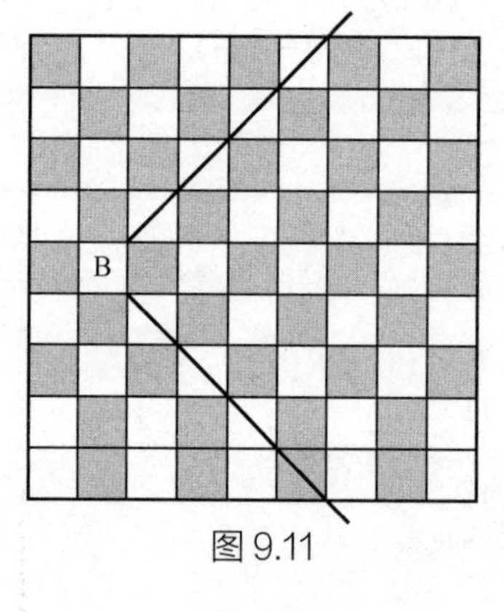

图 9.11

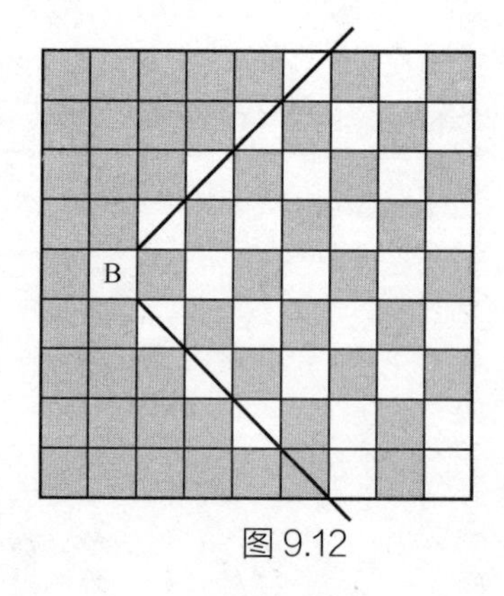

图 9.12

经过上述的优化，当 n 取值非常大时还是会超时（例如当 $n \geqslant 339$ 时），所以还需要进一步优化。可以发现，王子与公主的初始位置的连线刚好可以平分整个“棋盘”，连线的上方和下方完全对称，且王子仅能在该连线上移动。可以把该连线作为一个上下对称的镜面，镜面上下的各个对称点的概率显然是完全相等的，因此只需要计算镜面上方的概率之和，就可以得到整个“棋盘”的概率。为了方便，可以把王子所走的那条连线定义为 x 轴，把与之垂直的线定义为 y 轴，如图 9.13 所示。

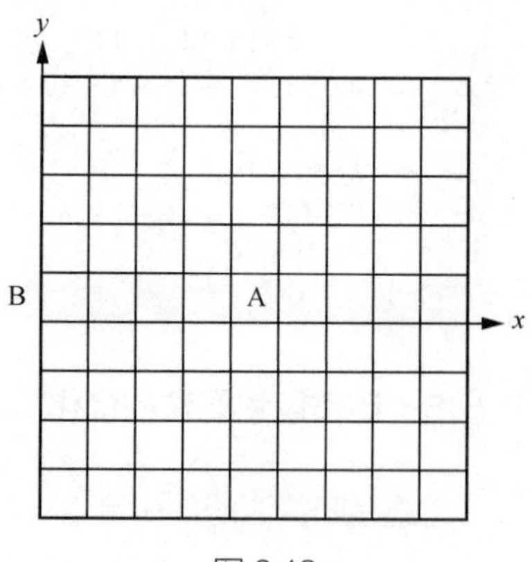

图 9.13

由于 x 轴上下是对称的，所以计算到 x 轴的概率时要乘 2。

参考代码如下。

```
1  //相遇问题 —— 动态规划算法的优化二
2  #include <bits/stdc++.h>
3  using namespace std;
4
5  int Dir[501][1000];                        //只需计算一半，所以数组只用开辟一半
6  double p[2][501][1000],ans;                //滚动数组，数组只用开辟一半
7
8  int main()
9  {
10   int n,m;
11   cin>>n;
12   m=n>>1;
13   if(m&1)                                              //下标从0开始
14   {
15     for(int i=0; i<m+1; i++)
16       for(int j=0; j<n; j++)
17         Dir[i][j]=2+(i>0 && i<n-1)+(j>0 && j<n-1);
18     p[0][m][m]=1;
19     for(int t=0,w=0; t<n; t++,w=1-w)                   //控制滚动数组的下标
20     {
21       memset(p[1-w],0,sizeof(p[1-w]));                 //清空，防止概率累加
22       for(int i=0; i<m+1; i++)
23         for(int j=t; j<n; j++)
24           if((abs(j-t-1)+abs(i-m-1))&1)                //剪枝
25           {
26             if(i-1>=0)
27               p[1-w][i-1][j]+=p[w][i][j]/Dir[i][j];
28             if(j-1>=0)
29               p[1-w][i][j-1]+=p[w][i][j]/Dir[i][j];
30             if(i+1<m)
31               p[1-w][i+1][j]+=p[w][i][j]/Dir[i][j];
32             if(i+1==m)                                 //计算到中间时概率要乘2
33               p[1-w][i+1][j]+=p[w][i][j]/Dir[i][j]*2;
34             if(j+1<n)
35               p[1-w][i][j+1]+=p[w][i][j]/Dir[i][j];
36           }
37       ans+=p[1-w][m][t];
38     }
39   }
40   cout<<setprecision(ans==0?0:4)<<fixed<<ans<<endl;
41   return 0;
42 }
```

9.6 拓展与练习

- 309006 矩阵取数游戏
- 309007 花匠
- 309008 胜利大逃亡
- 309009 天上掉馅饼

第 10 章　最大连续子序列问题

10.1 最大连续子序列和

【题目描述】最大连续子序列和（Csum）

给定一个有 K 个整数的序列 $N_1,N_2,\cdots,N_k$，其任意连续子序列可表示为 $N_i,N_{i+1},\cdots,N_j$，其中 $1 \leqslant i \leqslant j \leqslant K$。最大连续子序列是所有连续子序列中元素和最大的一个，例如给定序列 -2,11,-4,13,-5,-2，其最大连续子序列为 11,-4,13，元素和为 20。这就是所谓“最大连续子序列和”问题。

【输入格式】

输入 n（$n \leqslant 100\,000$）和 n 个整数。

【输出格式】

输出该序列中最大的连续子序列的元素和。

【输入样例】

5

1 2 -5 11 3

【输出样例】

14

【算法分析】

对于这道经典的“最大连续子序列和”题目，《编程竞赛宝典 C++ 语言和算法入门》中已有多种算法描述。最简单的方法是穷举法，即穷举所有的连续子序列和，其时间复杂度为 $O(n^2)$。这种算法无法通过大数据，因此必须考虑时间复杂度为 $O(n)$ 的动态规划算法。即用前缀和思想，先求出前 i 个数的和并存入前缀和数组 s[i]。

例如有数组 a 的各元素为 1, 2, 5, -10, 7。对应数组 s 的各元素为 1, 3, 8, -2, 5。则 a[i]+a[i+1]+…+a[j]=s[j]-s[i-1]。例如求 a[1] 到 a[3] 的子序列和，有 s[3]-s[0]=-2-1=-3。

进一步，对于给定的 s[j] 来说，如果直接找到最小的 s[i-1]，则 s[j]-s[i-1] 的值最大。

参考代码如下。

```
1   //最大连续子序列和
```

```
2   #include <bits/stdc++.h>
3   using namespace std;
4
5   int main()
6   {
7     int n,s[100005]= {0},a[100005]= {0},MAX=-2147483647;
8     scanf("%d",&n);
9     for(int i=1; i<=n; i++)
10    {
11      cin>>a[i];
12      s[i]=s[i-1]+a[i];
13      MAX=max(MAX,a[i]);                //找到最大值的元素
14    }
15    int Min=a[1],ans=a[1];              //Min 用来保存到目前为止的元素最小值
16    for(int i=1; i<=n; i++)
17    {
18      Min=min(Min,s[i]);                //利用 min(Min,s[i]) 可得到 Min 和 s[i] 之间的最小值
19      ans=max(ans,s[i]-Min);            //更新最大值并赋给 ans
20    }
21    printf("%d\n",ans?ans:MAX);       //元素如果全是负数，则输出最大元素
22    return 0;
23  }
```

10.2 最大连续子序列积

【题目描述】最大连续子序列积（Cproduct）

现给出一个有 n 个整数的序列（包含负数），求最大连续子序列积。

【输入格式】

输入 n（$n \leqslant 31$）和 n 个整数。

【输出格式】

输出该序列中最大的连续子序列积和最小的连续子序列积，保证结果不超过 long long 类型的取值范围。

【输入样例】

5

-5 3 9 10 -5

【输出样例】

6750

-1350

解决了最大连续子序列和的问题，最大连续子序列积的问题就容易解决了。但要注意的是，由于负数的存在，我们不能只简单保存一个当前最大值，还需要保存当前最小值。因为有可

能一个负数乘一个最小值（也是负数）会得到一个较大的积。

令 $f(n)$ 表示 [0,n] 区间内以 n 结尾的最大积，令 $g(n)$ 表示 [0,n] 区间内以 n 结尾的最小积，a 为原序列，则状态转移方程如下：

$f(n)=\max\{ f(n-1)\times a[n],a[n],g(n-1)\times a[n] \}$

$g(n)=\min\{ f(n-1)\times a[n],a[n],g(n-1)\times a[n] \}$

时间复杂度为 $O(n)$。

参考代码如下。

```
1	//最大连续子序列积
2	#include <bits/stdc++.h>
3	using namespace std;
4	
5	long long maxx=-9223372036854775800LL,minn=9223372036854775800ll;
6	long long a[1001],g[1001],f[1001];
7	
8	int main()
9	{
10	  int n;
11	  cin>>n;
12	  for(int i=1; i<=n; i++)
13	  {
14	    cin>>a[i];
15	    f[i]=g[i]=a[i];
16	    f[i]=max(f[i],f[i-1]*a[i]);
17	    f[i]=max(f[i],g[i-1]*a[i]);
18	    g[i]=min(g[i],f[i-1]*a[i]);
19	    g[i]=min(g[i],g[i-1]*a[i]);
20	    maxx=max(maxx,f[i]);
21	    minn=min(minn,g[i]);
22	  }
23	  cout<<maxx<<endl<<minn<<endl;
24	  return 0;
25	}
```

10.3 *k*个最大连续子序列和

【题目描述】*k* 个最大连续子序列和（ksum）

在一个长度为 n 的序列中，求 k 个连续子序列，这 k 个连续子序列的和最大，且 k 个连续子序列无公共元素。也就是给定一个由 n 个整数（可能为负整数）组成的序列 $a_1,a_2,\cdots,a_n$（$-100 \leqslant a_i \leqslant 100$），以及一个正整数 k，要求确定序列 $a_1,a_2,\cdots,a_n$ 的 k 个不相交的子序列，使这 k 个子序列的总和达到最大。

【输入格式】

第 1 行为 n 和 k（$1 \leqslant n \leqslant 1\,000$，$2 \leqslant k \leqslant 10$）。第 2 行为 $a_1,a_2,\cdots,a_n$，每两个数中间以空格分隔。

【输出格式】

输出 k 个子序列的最大和。

【输入样例】

10 2

-1 1 -2 3 4 -2 -5 5 6 7

【输出样例】

25

【算法分析】

不难发现，k 个最大连续子序列和问题可以划分为动态规划问题。设 f[i][j] 表示序列前 j 个元素中 i 个无公共元素的子序列（子序列中必须包含第 j 个元素）的最大和，则从前 j 个元素中选 i 段的方法有两种：第 1 种是直接从 j−1 个元素中选 i 段，再把第 j 个元素接到第 i 段中；第 2 种是第 j 个元素自成一段，再从前 m 个元素中选 i−1 段，显然 $i-1 \leqslant m \leqslant j-1$，因为要划分 i−1 段，所以最少要有 i−1 个元素，最多不能超过 j−1 个元素，如图 10.1 所示。

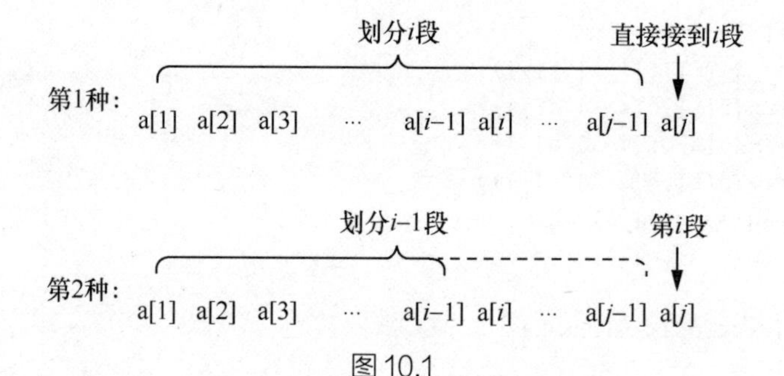

图 10.1

状态转移方程为 f[i][j]=max{f[i][j−1]+a[j],f[i−1][m]+a[j]}（$i-1 \leqslant m \leqslant j-1$）。

时间复杂度为 $O(n^3)$。

参考代码如下。

```
1   //k 个最大连续子序列和
2   #include <bits/stdc++.h>
3   using namespace std;
4
5   int a[1001],f[11][1001];
6
7   int main()
8   {
9     int k,n;
10    cin>>n>>k;
11    for(int i=1; i<=n; ++i)
12      cin>>a[i];
```

```
13      for(int i=1; i<=k; ++i)
14        for(int j=1; j<=n; ++j)
15        {
16          f[i][j]=f[i][j-1]+a[j];                 //把第 j 个元素接在第 j-1 个元素后面
17          for(int m=i-1; m<=j-1; ++m)              //另起一段
18            f[i][j]=max(f[i-1][m]+a[j],f[i][j]);
19        }
20      int Max=f[k][k];
21      for(int j=k; j<=n; ++j)                      //找出最大值
22        Max=max(Max,f[k][j]);
23      cout<<Max<<endl;
24      return 0;
25    }
```

10.4 拓展与练习

- 310004 被限制的最大连续子序列和
- 310005 和为 0 的最长连续子序列
- 310006 环状最大两个子序列和
- 310007 最大不连续子序列和

第 11 章　子矩阵问题

11.1 二维最大子矩阵问题

【题目描述】二维最大子矩阵问题（Matrix2d）

有一个 $n \times m$ 的二维矩阵，请确定一个小的矩阵，使这个小矩阵中所有元素的和最大。

【输入格式】

第 1 行为 2 个整数 n 和 m（$1 \leqslant n, m \leqslant 200$）。接下来的 n 行，每行有 m 列，为矩阵中的各元素。

【输出格式】

输出一个整数，即最大子矩阵和。

【输入样例】

4 3

1 -8 -8

1 1 1

-8 1 2

-8 1 1

【输出样例】

7

【算法分析】

最大子矩阵问题是最大连续子序列和问题的提升，即将一条线换成一个面，将一维问题提升为二维问题。

可以想到：在一个一维矩阵中，设数组 sum[i] 表示矩阵第 1 个元素到第 i 个元素的和，如果想要求第 i 个元素到第 j 个元素的和，则只需计算 sum[j]-sum[i-1] 的值。由此拓展到二维矩阵，设数组 sum[i][j] 表示矩阵第 j 列前 i 个元素的和，数组 a[i][j] 表示原始数据，则压缩矩阵的代码如下。

```
1  for(int i=1;i<=n;i++)
2    for(int j=1;j<=m;j++)
3      sum[i][j]=sum[i-1][j]+a[i][j];
```

例如将一个 3 行 4 列的数组 a[3][4] 转变为 sum[3][4]，如图 11.1 所示。

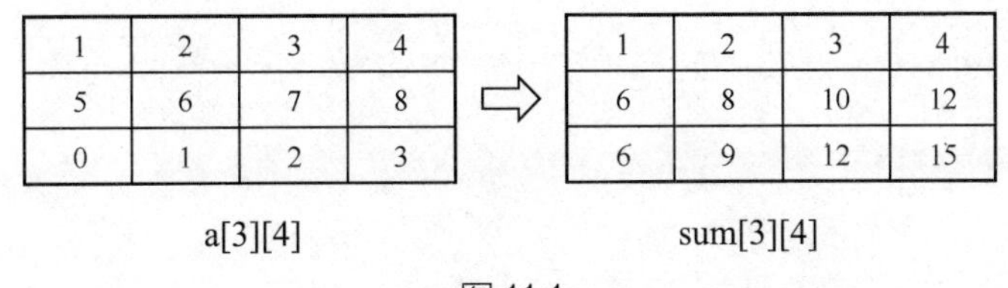

图 11.1

这样就可以使用三重循环求出所有的矩阵和，例如求 a[3][4] 中后面两行（图 11.2 所示左侧矩阵灰色区域）的子矩阵和，将 sum[3][4] 中的每一列的最后一个数减去第 1 个数的结果依次存入 temp[1] ~ temp[4] 中，则 temp[1]+temp[2]+temp[3]+temp[4] 的值，即 5+7+9+11=32 为所求子矩阵和。

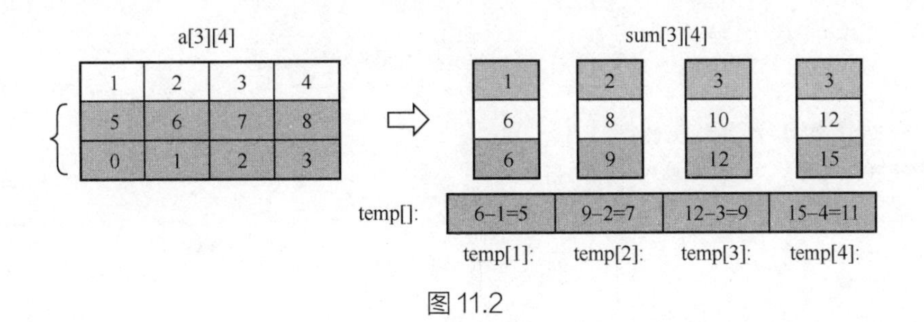

图 11.2

核心代码如下。

```
1  for(int i=0; i<=n; i++)                      //从第 i 行
2    for(int j=i+1; j<=n; j++)                  //到第 j 行
3      for(int k=1;k<=m;k++)                    //从第 1 列到第 m 列
4         temp[k]=sum[j][k]-sum[i][k];
```

参考代码如下，时间复杂度为 $O(n^3)$。

```
1  //二维最大子矩阵问题
2  #include <bits/stdc++.h>
3  using namespace std;
4
5  int sum[201][201],temp[201];                 //其实可以不定义 temp[]
6  int n,m;
7
8  int Solve()
9  {
10   int Max=-INT_MAX;
11   for(int i=0; i<=n; i++)                    //从第 i 行
12     for(int j=i+1; j<=n; j++)                //到第 j 行
13     {
14       for(int k=1; k<=m; k++)                //求出第 i 到第 j 行第 k 列的和
15         temp[k]=sum[j][k]-sum[i][k];
16       int sumall=0;
```

```
17          for(int k=1; k<=m; k++)                          // 与求最大子序列和一样，找到最大值
18          {
19            sumall+=temp[k];
20            Max=max(Max,sumall);                           // 更新最大值
21            if(sumall<0)                                   // 如果累加值为负数，则清零再累加
22              sumall=0;
23          }
24      }
25      return Max;
26  }
27
28  int main()
29  {
30    scanf("%d%d",&n,&m);
31    for(int i=1,x; i<=n; i++)
32      for(int j=1; j<=m; j++)
33      {
34        scanf("%d",&x);
35        sum[i][j]=sum[i-1][j]+x;                           // 压缩矩阵
36      }
37    printf("%d\n",Solve());
38    return 0;
39  }
```

11.2 扩展最大子矩阵问题

【题目描述】扩展最大子矩阵问题（supermatrix）

在一个 $n \times m$ 的二维矩阵中，请确定两个子矩阵，使这两个子矩阵中的所有元素的总和最大，且两个子矩阵无公共元素。

【输入格式】

第一行为两个整数 n 和 m（$1 \leqslant n, m \leqslant 150$）。随后的 n 行，每行有 m 列，为矩阵中的各元素。

【输出格式】

输出一个整数，即扩展最大子矩阵和。

【输入样例】

```
3 3
1 2 3
1 -2 3
1 1 -1
```

【输出样例】

```
10
```

【算法分析】

解决此问题至少有两种方法。

方法一：先找到一个矩阵，再在剩下的区域里找第二个最大矩阵，此方法有些麻烦。

方法二：两个矩阵不相交的情况有两种，一种是将矩阵横切成两半，另一种是将矩阵纵切成两半，如图 11.3 所示，在这两半中分别找出最大总和，相加选出最大值即可，其时间复杂度为 $O(n^3 \times m)$。

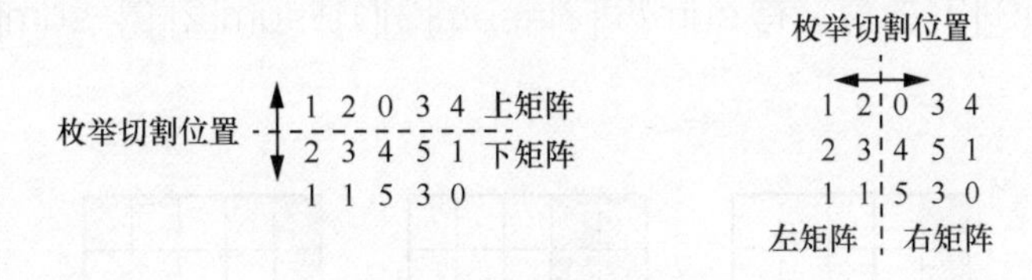

图 11.3

11.3 子矩阵变形问题

【题目描述】子矩阵变形问题（bombing）

炮兵部队决定轰炸敌军所在的平原。已知平原为矩形，可划分为 M 行 N 列（$0 < M \leqslant N \leqslant 5\,000$）。敌军的基地分布在这个矩形的交叉点上，每个基地有 R 人（$0 \leqslant R \leqslant 100$）。炮弹爆炸的影响范围呈方形，大小为 W 行 H 列，范围内的所有人将被消灭。试编程计算一个炮弹最多消灭多少敌人。

【输入格式】

第一行有两个数 M 和 N。第二行有两个数 W 和 H。随后的 M 行 N 列表示矩形中的基地人数分布。

【输出格式】

输出一个数，即一个炮弹最多消灭的敌人数量。

【输入样例】

```
3 2
1 1
2 0
1 0
0 1
```

【输出样例】

```
2
```

【数据范围】

对于 80% 的数据，$1 \leqslant M, N \leqslant 1\,000$。

对于 100% 的数据，$1 \leqslant M, N \leqslant 3\,000$。

【算法分析】

使用最朴素的搜索算法显然效率很低 [时间复杂度为 $O(n^4)$]，因此还需要考虑优化的算法。

可以观察到，轰炸问题其实就是最大子矩阵问题的一个变形，只不过矩阵的范围是固定的。

设二维数组 sum[i][j] 表示 i 行 j 列子矩阵之和，则可以得出：

sum[i][j]=sum[i][j-1]+sum[i-1][j]-sum[i-1][j-1]+a[i][j]

例如计算 sum[3][2] 的值，有 sum[3][2]=sum[3][1]+sum[2][2]-sum[2][1]+a[3][2]，如图 11.4 所示。

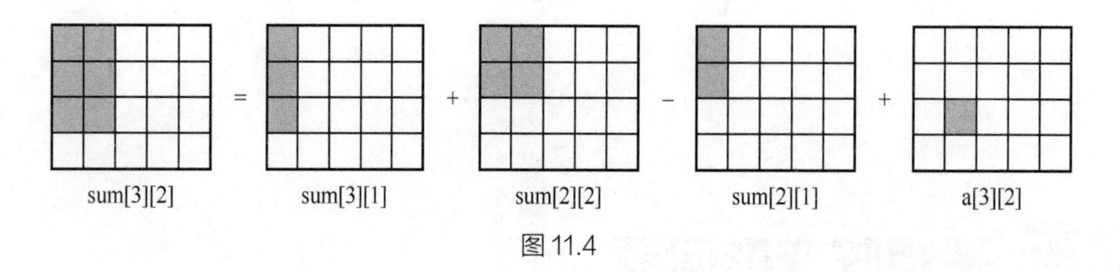

图 11.4

同理，如果要求从第 i 行到第 $i+w-1$ 行、第 j 列到第 $j+h-1$ 列的面积，结果如下：

S=sum[i+w−1][j+h−1]−sum[i−1][j+h−1]−sum[i+w−1][j−1]+sum[i−1][j−1]

计算过程如图 11.5 所示。

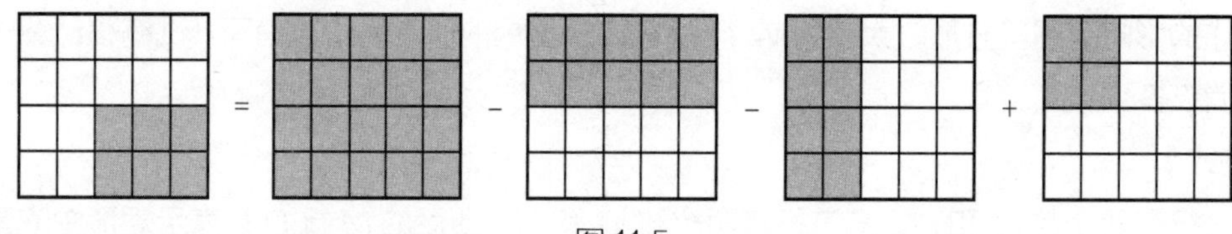

图 11.5

处理好面积问题后，程序就非常简单了。

参考代码如下，该程序的时间复杂度为 $O(n^2)$。

```
1   //子矩阵变形问题 —— 动态规划
2   #include <bits/stdc++.h>
3   using namespace std;
4
5   int s[1001][1001];
6
7   int main()
8   {
9     int m,n,h,w,a,Max=-INT_MAX;
10    cin>>m>>n>>w>>h;
11    for(int i=1; i<=m; ++i)
12      for(int j=1; j<=n; ++j)
13      {
14        cin>>a;
15        s[i][j]=s[i][j-1]+s[i-1][j]-s[i-1][j-1]+a;
```

```
16        }
17      for(int i=1; i<=m-w+1; ++i)                          //求面积为 w×h 的矩阵之和
18        for(int j=1; j<=n-h+1; ++j)
19          Max=max(Max,s[i+w-1][j+h-1]-s[i-1][j+h-1]-s[i+w-1][j-1]+s[i-1][j-1]);
20      cout<<Max<<endl;
21      return 0;
22    }
```

11.4 拓展与练习

311004 *k* 个最大子矩阵

第 12 章 子序列问题

12.1 最长前缀

【题目描述】最长前缀（Prefix）IOI 96

在生物学中，一些生物的结构是用包含其要素的大写字母序列来表示的。生物学家对于把长的序列分解成较短的序列（即元素）很感兴趣。

如果一个集合 *P* 中的元素可以通过串联（允许重复，串联相当于 Pascal 中的“+”运算符）组成一个序列 *S*，则我们认为序列 *S* 可能分解出集合 *P* 中的元素，但并不是所有的元素都必须出现。举个例子，序列 *S* 为“ABABACABAAB”，它可以分解出集合 *P*（A，AB，BA，CA，BBC）中的某些元素（除 BBC）。

序列 *S* 前面的 *K* 个字符称作前缀。设计一个程序，输入一个元素集合和一个大写字母序列，计算这个序列的最长前缀的长度。

【输入格式】

输入的数据开头包括由 1 ~ 200 个元素（长度为 1 ~ 10）组成的集合 *P*，用连续的以空格分开的字符串表示。字母全部是大写，数据可能不止一行。元素集合的结束标志是一个只包含一个“.”的行。集合中的元素没有重复。接着是大写字母序列 *S*，长度为 1 ~ 200 000，用一行或者多行的字符串来表示，每行不超过 76 个字符。换行符并不是序列 *S* 的一部分。

【输出格式】

输出一个整数，表示序列 *S* 能够分解出集合 *P* 中元素的最长前缀的长度。

【输入样例】

```
A AB BA CA BBC
.
ABABACABAABC
```

【输出样例】

```
11
```

【算法分析】

输入样例中，序列 *S* 能够分解出集合 *P* 中元素的最长前缀为 11 个字符，即 A+BA+BA+

CA+BA+AB。

用 f[i] 表示前 i 个字符是否可以分解出集合中的字符，如果可以则为真，如果不可以则为假。很容易看出，f[i] 为真的充要条件是存在一个比 i 小的 j，满足 f[j]=true 且从第 j+1 个字符到第 i 个字符是集合 P 中的一个元素，如图 12.1 所示。

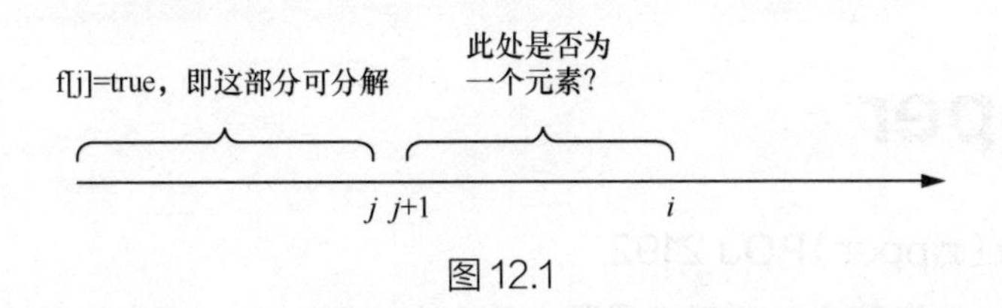

图 12.1

伪代码如下。

```
1  if f[j]=true 并且 s[j+1…i] 是集合 P 中的一个字符串 (j 从 1 到 10 枚举)
2    f[i]=true
3  else
4    f[i]=false
```

参考代码如下。

```
1   // 最长前缀
2   #include <bits/stdc++.h>
3   using namespace std;
4   
5   int n,ans;
6   string P[201],S=" ";
7   bool f[200001]= {1};                                  //f[0]=true
8   
9   bool Check(int p)                                     // 查找集合中匹配的字符串
10  {
11    for (int i=0; i<n; i++)                             // 枚举集合中的元素
12    {
13      int t=P[i].size();
14      if (p>=t && f[p-t] && P[i]==S.substr(p-t+1,t))
15      {
16        ans=p;
17        return true;
18      }
19    }
20    return false;
21  }
22  
23  int main()
24  {
25    for(string s; cin>>s,s!="."; P[n++]=s);            // 读入集合 P
26    for(string s; cin>>s; S+=s);                        // 读入序列 S
27    for (int i=1; i<=S.size(); i++)
28      f[i]=Check(i);
29    cout<<ans<<endl;
30    return 0;
31  }
```

利用上面的参考代码在判断某个字符串是不是集合中的某个元素时，如果逐一与集合中的元素进行比较，可能会超时。

请尝试使用二分法或使用 STL 里的 set 容器优化代码。

12.2 zipper

【题目描述】zipper（zipper）POJ 2192

有 3 个字符串，判断第 3 个字符串是否由前 2 个字符串的一部分序列按顺序组成。例如字符串 *A* 为“cat”，字符串 *B* 为“tree”，字符串 *C* 为“tcraete”，字符串 *C* 由字符串 *A* 和 *B* 组成，则信息为真。

又例如字符串 *A* 为“cat”，字符串 *B* 为“tree”，字符串 *C* 为“carttee”，由于组成字符串的序列顺序不对，所以信息为假。

【输入格式】

第 1 行有一个整数 *N*，大小为 1 ~ 1 000。后续有 *N* 行，每行有 3 个字符串，每个字符串由空格分隔开，第 3 个字符串的长度总是前 2 个字符串的长度之和。前 2 个字符串的长度范围为 1 ~ 200。

【输出格式】

每行信息如果为真，则输出“Data set n: yes”，其中 n 替换为序号，冒号后有一个空格。

每行信息如果为假，则输出“Data set n: no”，其中 n 替换为序号，冒号后有一个空格。

【输入样例】

3
cat tree tcraete
cat tree catrtee
cat tree cttaree

【输出样例】

Data set 1: yes
Data set 2: yes
Data set 3: no

这是很明显的最长公共子序列（Longest Common Subsequence，LCS）问题（不要求连续）。其定义：已知一个序列 *S*，如果它是 2 个或多个已知序列的子序列，且是所有符合字符串条件的序列中最长的，则称序列 *S* 为已知序列的最长公共子序列。

用数组 Dp[i][j] 表示字符串 *C* 的前 *i*+*j* 个字符能否由字符串 *A* 的前 *i* 个与字符串 *B* 的前 *j* 个字符组成，前提条件是 Dp[i-1][j] 或 Dp[i][j-1] 为真。求 Dp[i][j] 时会有两种情况：

（1）Dp[i-1][j]　&&　A[i] ==C[i+j-1] 成立；

（2）Dp[i][j-1]　&&　B[j] ==C[i+j-1] 成立。

满足（1）时 Dp[i][j]=Dp[i-1][j]+1，满足（2）时 Dp[i][j]=Dp[i][j-1]+1，同时满足两种情况时取两者的最大值。

参考代码如下。

```
1   //zipper
2   #include <bits/stdc++.h>
3   using namespace std;
4   
5   string A,B,C;
6   int Dp[201][201];
7   
8   void Work(int n,int l1,int l2,int l3)
9   {
10    for(int i=1; i<=l1; ++i)                          //边界条件
11      Dp[i][0]=Dp[i-1][0]+(A[i-1]==C[i-1]);           //注意 A[] 的下标从 0 开始
12    for(int i=1; i<=l2; ++i)                          //边界条件
13      Dp[0][i]=Dp[0][i-1]+(B[i-1]==C[i-1]);           //注意 B[] 的下标从 0 开始
14    for(int i=1; i<=l1; ++i)
15      for(int j=1; j<=l2; ++j)
16        Dp[i][j]=max(Dp[i-1][j]+(A[i-1]==C[i+j-1]),
17                     Dp[i][j-1]+(B[j-1]==C[i+j-1]));
18    cout<<"Data set "<<n<<": "<<(Dp[l1][l2]==l3?"yes":"no")<<endl;
19  }
20  
21  int main()
22  {
23    int n;
24    cin>>n;
25    for(int i=1; i<=n; ++i)
26    {
27      cin>>A>>B>>C;
28      Work(i,A.size(),B.size(),C.size());
29    }
30    return 0;
31  }
```

12.3 最长公共子序列

【题目描述】最长公共子序列（LCS）

给出 2 个字符串 S_1 和 S_2，我们现在希望了解它们之间的“相似度”。相似度定义：找出第 3 个字符串 S_3，组成 S_3 的元素也出现在 S_1 和 S_2 中，而且这些元素必须以相同的顺序出现，但不必是连续的。能找到的 S_3 越长，就表示 S_1 和 S_2 越相似，相似度即这个 S_3 的长度。例如，当 S_1=“abcde”，S_2=“dabfda”时，S_3 就是“abd”，S_1 和 S_2 的相似度就是 3。

【输入格式】

第 1 行为 1 个整数（≤ 100），表示第 1 个字符串的长度。

第 2 行为第 1 个字符串。

第 3 行为 1 个整数（≤ 100），表示第 2 个字符串的长度。

第 4 行为第 2 个字符串。

【输出格式】

输出 1 个整数，即 2 个字符串的相似度。

【输入样例】

5
abccb
5
acabc

【输出样例】

3

12.3.1 动态规划算法一

定义数组 a[] 和 b[]，a[i] 表示序列 S_2 中前 i 个元素与序列 S_1 的最长公共子序列的长度，b[j] 表示序列 S_2 中前 j-1 个元素与序列 S_1 的最长公共子序列的长度。状态转移方程如下：

a[j]=max{b[k]}+1（$0 \leqslant k < j$）

此时 S_1[i]=S_2[j]。

以输入样例中的数据来说，用外循环变量 i 遍历 S_1[ ]，内循环变量 j 遍历 S_2[ ]，当 i=1 时，S_1[1]="a"，j 扫描到 S_2[1] 也是 "a"，由 a[j]=max{b[k]}+1（$0 \leqslant k < j$），得 a[1]=b[0]+1=1，同理，a[3]=1，如表 12.1 所示。

表 12.1

数组 / 序列	不同下标数组 / 序列取值					
	0	1	2	3	4	5
S_1		a	b	c	c	b
S_2		a	c	a	b	c
a[]	0	**1**	0	**1**	0	0
b[]	0	0	0	0	0	0

由表 12.1 可以看出，如果不定义数组 b[]，而仅定义数组 a[]，则 a[3]=a[1]+1=2，这就导致了重复计算，所以在 j 遍历一遍 S_2[] 后，为了防止重复计算，需将数组 a[] 的值复制给数组 b[]。

接下来，当 i=2 时，$S_1[2]$="b"，j 扫描到 $S_2[4]$ 也是"b"，由 a[j]=max{b[k]}+1($0 \leqslant k < j$)，得 a[4]=b[1]+1=2，如表 12.2 所示。

表 12.2

数组 / 序列	不同下标数组 / 序列取值					
	0	1	2	3	4	5
S_1		a	b	c	c	b
S_2		a	c	a	b	c
a[]	0	1	0	1	**2**	0
b[]	0	1	0	1	0	0

将数组 a[] 的值复制给数组 b[]。接下来，当 i=3 时，$S_1[3]$="c"，j 扫描到 $S_2[2]$ 也是"c"，由 a[j]=max{b[k]}+1（ $0 \leqslant k < j$ ），得 a[2]=b[1]+1=2，同理，a[5]=b[4]+1=3，如表 12.3 所示。

表 12.3

数组 / 序列	不同下标数组 / 序列取值					
	0	1	2	3	4	5
S_1		a	b	c	c	b
S_2		a	c	a	b	c
a[]	0	1	**2**	1	2	**3**
b[]	0	1	0	1	2	0

将数组 a[] 的值复制给数组 b[]。接下来，当 i=4 时，$S_1[4]$="c"，j 扫描到 $S_2[2]$ 也是"c"，由 a[j]=max{b[k]}+1（ $0 \leqslant k < j$ ），得 a[2]=b[1]+1=2，同理，a[5]=b[2]+1=3，如表 12.4 所示。

表 12.4

数组 / 序列	不同下标数组 / 序列取值					
	0	1	2	3	4	5
S_1		a	b	c	c	b
S_2		a	c	a	b	c
a[]	0	1	**2**	1	2	**3**
b[]	0	1	2	1	2	3

将数组 a[] 的值复制给数组 b[]。接下来，当 i=5 时，$S_1[5]$= "b"，j 扫描到 $S_2[4]$ 也是"b"，由 a[j]=max{b[k]}+1（ $0 \leqslant k < j$ ），得 a[4]=b[2]+1=3，如表 12.5 所示。

表 12.5

数组 / 序列	不同下标数组 / 序列取值					
	0	1	2	3	4	5
S_1		a	b	c	c	b
S_2		a	c	a	b	c
a[]	0	1	2	1	**3**	3
b[]	0	1	2	1	2	3

参考代码如下。代码中有一个小优化，即算到 *j* 时先记录下数组 b[] 的下标为 0 ~（*j*-1）时的最大值，这样就无须重复搜索了。

```
1   //最长公共子序列问题 —— 动态规划算法一
2   #include <bits/stdc++.h>
3   using namespace std;
4   const int M=501;
5
6   int n1,n2;
7   int a[M],b[M];
8   char s1[M],s2[M];
9
10  void Dp()
11  {
12    for(int i=1; i<=n1; i++)          //遍历 S1[]
13    {
14      int Max=b[0];
15      for(int j=1; j<=n2; j++)        //遍历 S2[]
16      {
17        if(s1[i]==s2[j])
18          a[j]=Max+1;
19        Max=max(Max,b[j]);           //小优化，记录数组 b[] 的下标为 0 ~（j-1）时的最大值
20      }
21      memcpy(b,a,sizeof(a));         //复制数组
22    }
23  }
24
25  int main()
26  {
27    scanf("%d%*c",&n1);            //* 表示读入（换行符），不赋给任何变量
28    for(int i=1; i<=n1; ++i)
29      scanf("%c",&s1[i]);
30    scanf("%d%*c",&n2);
31    for(int i=1; i<=n2; ++i)
32      scanf("%c",&s2[i]);
33    Dp();                            //动态规划
34    int ans=0;
35    for(int i=1; i<=n2; i++)
36      ans=max(ans,a[i]);
37    printf("%d\n",ans);
38    return 0;
39  }
```

12.3.2 动态规划算法二

我们可将上文的问题转化为求序列 S_1 的前 i 个元素和序列 S_2 的前 j 个元素的最长公共序列，用 dp[i][j] 来表示。这会出现两种情况：序列 S_1 的第 i 个元素与序列 S_2 的第 j 个元素为同一个元素或不为同一个元素。于是可得出状态转移方程：

dp[i][j]=dp[i−1][j−1]+1 （S_1[i]=S_2[j]）

dp[i][j]=max{dp[i−1][j],dp[i][j−1]} （S_1[i] ≠ S_2[j]）

边界条件为 dp[0][k]=0，dp[k][0]=0。

参考代码如下。

```
1   //最长公共子序列问题 —— 动态规划算法二
2   #include <bits/stdc++.h>
3   using namespace std;
4   const int M=501;
5
6   char s1[M],s2[M];
7   int dp[M][M];
8   int n1,n2;
9
10  int main()
11  {
12    cin>>n1;
13    for(int i=1; i<=n1; ++i)
14      cin>>s1[i];
15    cin>>n2;
16    for(int i=1; i<=n2; ++i)
17      cin>>s2[i];
18    for(int i=1; i<=n1; ++i)
19      for(int j=1; j<=n2; ++j)
20        if(s1[i]==s2[j])
21          dp[i][j]=dp[i-1][j-1]+1;
22        else
23          dp[i][j]=max(dp[i-1][j],dp[i][j-1]);
24    cout<<dp[n1][n2]<<endl;
25    return 0;
26  }
```

可以开辟两个一维滚动数组以降低空间复杂度。

12.4 确定基因功能

【题目描述】确定基因功能（gene）taejon 2001

人体的基因序列包含 4 种核苷酸，以 A、C、G、T 表示。

人体基因的确定由计算机辅助并通过一系列生物实验来完成。一旦基因被确定，下一步的工作就是确定其功能。

有一种方法是通过数据库查询新的基因。这个数据库存储了许多基因序列及其功能描述，当使用数据库查找时，数据库会返回类似的基因。而生物学家假设序列相似代表功能相似，所以新基因的有些功能可能会与相似基因的功能一样。当然，这需要一系列的实验确定。

你的职责是编写一个程序以比较两个相似的基因，如果你编写的程序有效，则可能会被作为数据库搜索功能程序的一部分。

例如有两个基因序列 AGTGATG 和 GTTAG，求它们的相似度。

我们使用插入法。例如：在 AGTGATG 中间插入一个空当（用半字线“-”表示），使之变为 AGTGAT-G；再在 GTTAG 中间插入 3 个空当，使之变为 -GT--TAG。现在这两个基因序列的长度相等。

可以看到，这两个基因序列有 4 处相似，即第 2 位都为 G，第 3 位都为 T，第 6 位都为 T，第 8 位都为 G。

图 12.2 所示是任意两个核苷酸对应时的数字矩阵，例如，A 与 A 对应的分数为 5，A 与 C 对应的分数为 -1，但要注意绝对不允许空当与空当匹配的情况出现。

	A	C	G	T	-
A	5	-1	-2	-1	-3
C	-1	5	-3	-2	-4
G	-2	-3	5	-2	-2
T	-1	-2	-2	5	-1
-	-3	-4	-2	-1	*

图 12.2

则根据图 12.2 算出的这两个基因序列的分数为 (-3)+5+5+(-2)+(-3)+5+(-3)+5=9。

如果我们按如下方式在两个基因序列中插入空当：

AGTGATG

- GTTA -G

则这种方式的分数为 (-3)+5+5+(-2)+5+(-1)+5=14。可见，这种插入方式要优于前面的插入方式。实际上，这种插入方式的分数是最高的，所以这两个基因序列的相似度应该为 14。

【输入格式】

第 1 行为 *T* 值，代表测试的样例数。接下来的每个测试样例包括 2 行，每行包括 1 个基因序列的长度和该基因序列；每个基因序列的长度最小为 1，最大不超过 100。

【输出格式】

每行包括 1 个数字，即每个测试样例中基因序列的最大相似度。

【输入样例】

```
2
7 AGTGATG
5 GTTAG
7 AGCTATT
9 AGCTTTAAA
```

【输出样例】

```
14
21
```

【算法分析】

这是一道典型的最长公共子序列（LCS）类题目。我们要使相同的字母尽可能地放在同一位置，因为这样分数最高；若不能放在一起，也尽可能地选分数最高的。

联想一下求 LCS 问题的动态规划算法二，最长公共序列 dp[i][j] 仅和 dp[i−1][j]、dp[i][j−1]、dp[i−1][j−1] 有关。要么是 S_1[i] 等于 S_2[j] 时取 dp[i−1][j−1]+1 的值，要么是 S_1[i] 和 S_2[j] 不相等时取 dp[i−1][j] 与 dp[i][j−1] 中的最大值，因为 dp[i−1][j]、dp[i][j−1]、dp[i−1][j−1] 已经是最优解了。

再看本题，现在要求的 dp[i][j] 最高分数，也只与 dp[i−1][j]、dp[i][j−1]、dp[i−1][j−1] 有关，已经与相等和不相等无关了，只要分数高就选。

设 dp[i][j] 表示第 1 个字符串到第 *i* 个字母与第 2 个字符串到第 *j* 个字母的最高分数。这里要注意，*i* 不一定等于 *j*，因为当中有一些搭配是字母对空当，但空当不包括在字符串内。求 dp[i][j] 其实只有 3 种情况，如图 12.3 所示。

（1）S_1[i] 与 S_2[j] 搭配，那么 dp[i][j]=dp[i−1][j−1]+score(S_1[i],S_2[j])（score 是搭配的分数）。

（2）S_1[i] 与空当搭配，那么 dp[i][j]=dp[i−1][j]+score(S_1[i],'−')。

（3）空当与 S_2[j] 搭配，那么 dp[i][j]=dp[i][j−1]+score('−',S_2[j])。

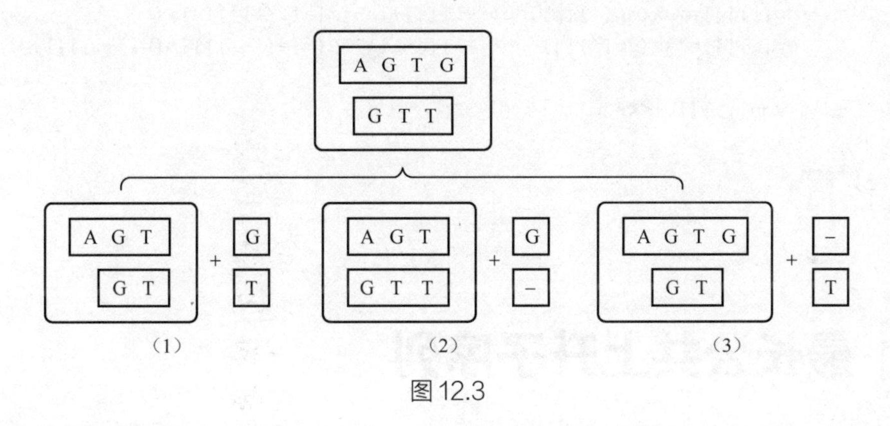

图 12.3

参考代码如下。

```
1   //确定基因功能
2   #include <bits/stdc++.h>
3   using namespace std;
4   const int N=105;
5   const int TAB[5][5]= {{5,-1,-2,-1,-3},
6                         {-1,5,-3,-2,-4},
7                         {-2,-3,5,-2,-2},
8                         {-1,-2,-2,5,-1},
9                         {-3,-4,-2,-1,0}
10  };
11
12  int dp[N][N],la,lb,T;
13
14  int main()
15  {
```

```
16      map<char,int>m;
17      m['A']=0;
18      m['C']=1;
19      m['G']=2;
20      m['T']=3;
21      cin>>T;
22      while(T--)
23      {
24        string a,b;
25        cin>>la>>a>>lb>>b;
26        for(int i=1; i<=la; i++)
27          for(int j=1; j<=lb; j++)
28            dp[i][j]=-0x7fffffff;
29        for(int i=1; i<=la; i++)
30          dp[i][0]=dp[i-1][0]+TAB[m[a[i-1]]][4];
31        for(int i=1; i<=lb; i++)
32          dp[0][i]=dp[0][i-1]+TAB[m[b[i-1]]][4];
33        for(int i=1; i<=la; i++)
34          for(int j=1; j<=lb; j++)
35          {
36            dp[i][j]=max(dp[i][j],dp[i][j-1]+TAB[m[b[j-1]]][4]);
37            dp[i][j]=max(dp[i][j],dp[i-1][j]+TAB[m[a[i-1]]][4]);
38            dp[i][j]=max(dp[i][j],dp[i-1][j-1]+TAB[m[a[i-1]]][m[b[j-1]]]);
39          }
40        cout<<dp[la][lb]<<endl;
41      }
42      return 0;
43    }
```

12.5 最长公共上升子序列

【题目描述】最长公共上升子序列（LCIS）POJ 2127

科学家将两种不同生物的基因序列转换成两个整数序列，并试图确定它们的最长公共上升子序列的长度，例如有序列 A 为 4,3,2,1,7,8,9，序列 B 为 7,8,9,4,3,2,1，其最长公共子序列是 4,3,2,1，而最长公共上升子序列是 7,8,9。

【输入格式】

输入每个序列，由 M（$1 \leqslant M \leqslant 500$）个整数组成，整数的范围为 -2^{31}~2^{31}。

【输出格式】

第一行输出最长公共上升子序列的长度 L，第二行输出该子序列；如果该子序列有多种答案，则输出任意一种即可。

【输入样例】

5

1 4 2 5 -12

4
-1 2 1 2 4

【输出样例】

2
1 4（注：结果非唯一）

【时间限制】

5 秒

12.5.1　基本算法

本小节介绍最简单的 $O(n^4)$ 算法，我们可以设一个 f[i][j] 数组，表示 A_1 ~ A_i 段和 B_1 ~ B_j 段中的最长公共上升子序列的长度。状态转移方程如下：

f[i][j]=f[k][h]+1（*k* 和 *h* 分别为 *i* 和 *j* 前的序号下标）

前提是 A[i]=B[j]，A[k]=B[h]，A[i] > A[k]，如图 12.4 所示。若 f[k][h]+1 > f[i][j] 则更新 f[i][j] 的值。

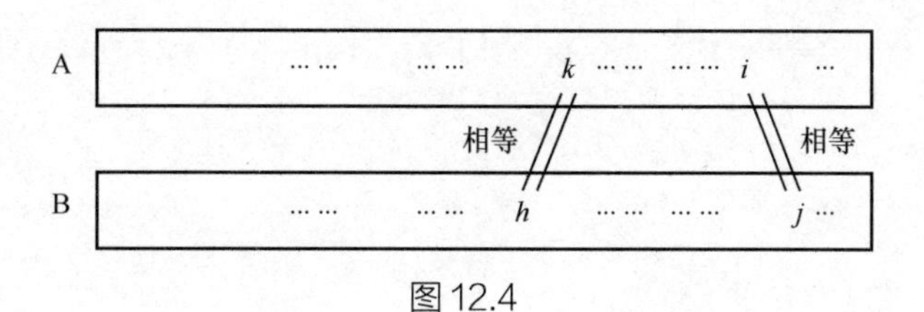

图 12.4

但是 f[n][m] 的值并不一定是最终答案，因为最后一组数可能不在最长公共上升子序列中。有以下两种方法可解决这个问题。

（1）从 f[1][1] 开始循环一遍，找到的最长序列就是最长公共上升子序列。

（2）在 A、B 数组中分别给 A[n+1] 和 B[m+1] 赋最大值，参与程序中的计算，这样 A[n+1] 和 B[m+1] 一定在最长公共上升子序列中，因为最后一组数一定是最长公共上升子序列的最大值。只要把这个结果减 1 就是最终答案了。

对于子序列的输出，可以定义一个 from 数组：from[i] 的值是 *j*，表示最长公共上升子序列中 a[i] 的上一个数是 a[j]，递归输出即可。

参考代码如下。

```
1   // 最长公共上升子序列 —— 基本算法
2   #include <bits/stdc++.h>
3   using namespace std;
4   const int MAX=555;
5
6   int n,m,a[MAX],b[MAX],f[MAX][MAX],from[MAX];
7
```

```
void Out(int u)                                    //递归输出子序列
{
  if(from[u])
    Out(from[u]);
  if(u!=n+1)
    cout<<a[u]<<" ";
}

int main()
{
  cin>>n;
  for(int i=1; i<=n; i++)
    cin>>a[i];
  a[n+1]=1<<30;
  cin>>m;
  for(int j=1; j<=m; j++)
    cin>>b[j];
  b[m+1]=1<<30;
  for(int i=1; i<=n+1; i++)
    for(int j=1; j<=m+1; j++)
      for(int k=0; k<i; k++)
        for(int h=0; h<j; h++)
          if(a[i]==b[j] && a[k]==b[h] && a[i]>a[k] && f[k][h]+1>f[i][j])
            f[i][j]=f[k][h]+1,from[i]=k;
  cout<<f[n+1][m+1]-1<<endl;
  Out(n+1);
  return 0;
}
```

12.5.2 优化算法

本小节介绍 $O(n^3)$ 算法。从前面的状态转移方程可以发现 f[i][j] 会增加 1 都是在 A[i]=B[j] 的情况下。所以重新定义 f[i][j] 为序列 A 的前 i 项、序列 B 的前 j 项，并且以 A[i] 结束的最长公共上升子序列的长度。状态转移方程如下：

（1）若 A[i] ≠ B[j]，则 f[i][j]=f[i][j−1]；

（2）若 A[i]=B[j]，则 f[i][j]=max{f[k][j−1]+1}（k < i，A[k] < A[i] ）。

状态转移方程（1）是显而易见的。状态转移方程（2）中要找到 f[i][j] 之前的最长公共上升子序列，f 数组的第二维必然是 j−1，因为 j 已经拿去和 A[i] 配对了，并且也不能是 j−2，因为 j−1 必然比 j−2 更优。第一维就需要枚举 A[1],…,A[i−1] 了，因为我们不知道这里面哪个最长，以及哪个小于 A[i]。

参考代码如下。

```
//最长公共上升子序列 —— 优化算法
#include <bits/stdc++.h>
using namespace std;

int f[501][501],a[501],b[501];
```

```
6   int n,m;
7
8   void Out(int s,int t)                              //递归输出
9   {
10    if(t==0 || s==0)
11      return;
12    if(a[s]!=b[t])
13      Out(s,t-1);
14    else
15    {
16      int minn=0,j;
17      for(int k=1; k<s; k++)
18        if(a[k]<a[s] && minn<f[k][t-1])
19        {
20          minn=f[k][t-1];
21          j=k;
22        }
23      if(minn!=0)
24        Out(j,t-1);
25      cout<<a[s]<<' ';
26    }
27  }
28
29  int main()
30  {
31    int i,j,k;
32    for(cin>>n,i=1; i<=n; i++)
33      cin>>a[i];
34    for(cin>>m,j=1; j<=m; j++)
35      cin>>b[j];
36    for(i=1; i<=n; i++)                              //动态规划算法
37      for(j=1; j<=m; j++)
38      {
39        if(a[i]!=b[j])
40          f[i][j]=f[i][j-1];
41        else
42        {
43          int s=0;
44          for(k=1; k<i; k++)
45            if(a[k]<a[i] && s<f[k][j-1])
46              s=f[k][j-1];
47          f[i][j]=s+1;
48        }
49      }
50    int res=0;
51    for(i=1; i<=n; i++)                              //找出最大值
52      if(res<f[i][m])
53      {
54        res=f[i][m];
55        j=i;
56      }
57    cout<<res<<endl;
```

```
58      if(res!=0)
59        Out(j,m);
60      cout<<endl;
61      return 0;
62  }
```

继续观察状态转移方程（2），即若 A[i]=B[j]，则 f[i][j]=max{f[k][j-1]+1}（$k<$ i，A[k] < A[i]），很容易就可以想到，若事先找到 f[k][j-1] 的最大值并保存在变量 temp 中，则状态转移方程可简化为 f[i][j]=temp+1。

12.6 拓展与练习

- 312006 子串
- 312007 最长公共子序列 2
- 312008 编辑距离
- 312009 擦除游戏

第13章　双重动态规划

有的问题具有最优子结构，可以使用动态规划进行求解。但是在求解该最优子结构时，需要使用另外一个问题的最优子结构，这就必须要使用双重动态规划进行求解。

13.1 城市交通

【题目描述】城市交通（traffic）

某城市有 n（$1 \leqslant n \leqslant 50$）个街区，某些街区之间有公共汽车线路，如图13.1所示。街区1和街区2之间有一条公共汽车线路，且从街区1至街区2的通行时间为34分钟。从街区1至街区5的最快走法是 1→3→5，总通行时间为44分钟。

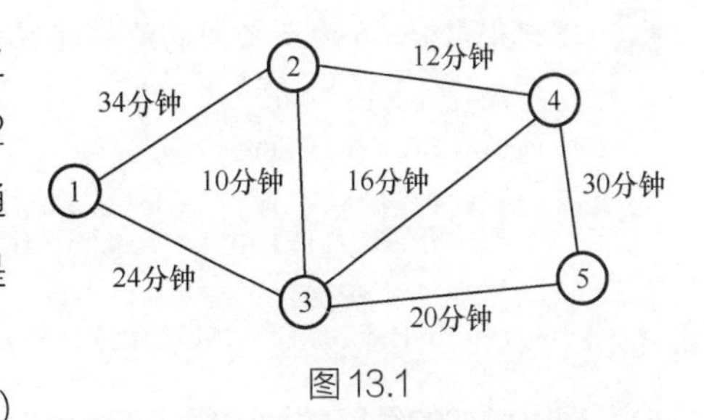

图13.1

政府为了改善交通，决定增加 m（$1 \leqslant m \leqslant 10$）条公共汽车线路。若在街区 a 和街区 b 之间加开1条线路（前提是 a 和 b 之间必须已有线路），则从街区 a 到街区 b 的通行时间缩短为原来的一半。例如，若在街区1和街区2之间加开1条线路，则通行时间变为17分钟；若加开2条线路，则通行时间变为8.5分钟，以此类推。所有的线路都是环线，即如果从街区1至街区2的通行时间变为17分钟，则从街区2至街区1的通行时间也变为17分钟。例如，当 m=2 时，加开街区1和街区3、街区3和街区5的线路，从街区1至街区5的总通行时间可以减少为22分钟。

问加开哪些线路可使街区1到街区 n 的通行时间最短，并输出增加的线路两端的街区号。

【输入格式】

第1行为街区数 n 和增加的公共汽车线路数 m。随后的每一行有3个整数 x、y 和 d，表示从街区 x 到街区 y 的通行时间为 d。最后以0 0 0结束输入。

【输出格式】

第1行为从街区1到街区 n 的最短通行时间（保留小数点后2位）。随后的 m 行表示增加的线路两端的街区号，街区号需按先后顺序依次输出。

【输入样例】

5 2

1 2 34

1 3 24

2 3 10

2 4 12

3 4 16

3 5 20

4 5 30

0 0 0

【输出样例】

22.00

1 3

3 5

还记得求 a、b 两点之间的最短路径的 Floyd 算法吗？其核心代码如下。

```
for (k=1;k<=n;k++)                                    //k 为 a、b 两点中间的一点
  for(a=1;a<=n;a++)
    for(b=1;b<=n;b++)
      if(Map[a][k]>0 && Map[k][b]>0)                  // 如果 a 与 k 之间、k 与 b 之间均有路
        if(Map[a][b]==0 || Map[a][b]>Map[a][k]+Map[k][b])
          Map[a][b]=Map[a][k]+Map[k][b]
```

现以增加的线路数为阶段，设 f[m][a][b] 的值为增加 m 条线路后从 a 到 b 的最短路径。

则第 0 个阶段即 f[0][a][b] 就是不加开任何线路的情况，直接使用 Floyd 算法即可。第 1 个阶段就是只加开 1 条线路的情况。以此类推，第 m 个阶段就是加开了 m 条线路的情况。

在从 a 到 b 的道路上增加 m 条线路可分为以下 2 种情况（设 k 是最短路径上的一点）：

（1）在从 a 到 k 的道路上增加 t 条线路；

（2）在从 k 到 b 的道路上增加 $m-t$ 条线路。

则状态转移方程为 f[m][a][b]=min{f[t][a][k]+f[m-t][k][b]} （$0 \leqslant t \leqslant m$）。

综上所述可以发现：第 1 个层次是以“增加的线路数”为阶段进行动态规划，例如要完成加开 3 条线路的任务，就要先完成加开 1 条和 2 条线路的任务；而第 2 个层次是以“允许 k 为中间节点”（$0 \leqslant k \leqslant n$）为阶段进行动态规划，例如要完成“允许 3 为中间节点”的任务，就要先完成“允许 2 为中间节点”的任务。故这里的动态规划称为双重动态规划。

参考代码如下。

```
1  //城市交通
2  #include <bits/stdc++.h>
3  using namespace std;
```

```
4   const int MAXN=60;
5   const int U=1061109567;
6
7   double f[11][MAXN][MAXN];
8   int d[11][MAXN][MAXN],l[11][MAXN][MAXN],r[11][MAXN][MAXN];
9
10  struct Que
11  {
12    int x, y, t;
13  } q[MAXN];
14  int cnt;
15
16  void PushQue(int x, int y, int t)                    //将线路存入结构体数组
17  {
18    q[++cnt]={x,y,t};                                  //C++11 支持的语法
19    if(q[cnt].x>q[cnt].y)
20      swap(q[cnt].x,q[cnt].y);
21  }
22
23  int Cmp(struct Que a, struct Que b)                  // 线路按先后顺序排序
24  {
25    return a.x == b.x? a.y<b.y : a.x<b.x;
26  }
27
28  bool Dfs(const int &m,const int &i, const int &j)   // 找出增加的线路
29  {
30    if (d[m][i][j])                                    // 如果 i、j 间有节点，则添加线路
31    {
32      // 返回值表示能否连成一条固有线段，只有能才添加线路
33      if (l[m][i][j] && Dfs(l[m][i][j], i, d[m][i][j]))
34        PushQue(i,d[m][i][j],l[m][i][j]);
35      if (r[m][i][j] && Dfs(r[m][i][j], d[m][i][j], j))
36        PushQue(d[m][i][j],j,r[m][i][j]);
37      return 0;
38    }
39    return 1;
40  }
41
42  int main()
43  {
44    memset(f,0x7f,sizeof(f));                          //0x42 也行，但不能是 0x3f
45    int n,M,x, y,w;
46    scanf("%d %d", &n, &M);
47    while (scanf("%d%d%d", &x,&y,&w)==3 && x|y|w!=0)
48      f[0][x][y]=f[0][y][x]=w;
49    for (int i=1; i<=n; ++i)                           // 初始化
50      for (int j=1; j<=n; ++j)
51        if (f[0][i][j]<=U)                             // 如果有路
52          for (int m=1; m<=M; ++m)
53            f[m][i][j]=f[m][j][i]=f[m-1][i][j]/2;
54    if (M==0)                                          // 针对 0 的特别判断，即 Floyd 算法
```

```
55    {
56      for (int k=1; k<=n; ++k)              //k 要放在最外层循环
57        for (int i=1; i<=n; ++i)
58          for (int j=1; j<=n; ++j)
59            if(f[0][i][k]!=U && f[0][k][j]!=U && f[0][i][j]>f[0][i][k]+f[0][k][j])
60              f[0][i][j]=min(f[0][i][j],f[0][i][k]+f[0][k][j]);
61    }
62    else
63      for (int m=1; m<=M; ++m)              //添加 M 条线路
64        for (int t=1; t<=m; ++t)            //将添加的线路分割成 2 块
65          for (int k=1; k<=n; ++k)          //枚举中间节点 k
66            for (int i=1; i<=n; ++i)        //枚举街区 i
67              for (int j=1; j<=n; ++j)      //枚举街区 j
68                if(f[m-t][i][k]!=U && f[t][k][j]!=U)
69                  if(f[m][i][j]>f[m-t][i][k]+f[t][k][j])//更新最优值
70                  {
71                    f[m][i][j]=min(f[m][i][j],f[m-t][i][k]+f[t][k][j]);
72                    d[m][i][j]=k;//d[m][i][j] 保存街区 i 到街区 j 间添加 m 条线路的中间节点 k
73                    l[m][i][j]=m-t;       //l[m][i][j] 保存街区 i 到街区 k 所添加的线路条数
74                    r[m][i][j]=t;         //r[m][i][j] 保存街区 k 到街区 j 所添加的线路条数
75                  }
76    printf("%.2f\n", f[M][1][n]);
77    if (M)
78    {
79      Dfs(M, 1, n);                       //当 M>1 时，深度搜索添加的线路
80      sort(q+1, q+1+cnt,Cmp);
81      for (int i=1; i<=cnt; ++i)
82        for (int j=1; j<=q[i].t; ++j)     //可能添加不止 1 条线路
83          printf("%d %d\n", q[i].x, q[i].y);
84    }
85    return 0;
86  }
```

13.2 复杂的审批

【题目描述】复杂的审批（approval）Vijos p1795

在某个庞大的机构，一个计划需要通过各级领导的层层审批后才能被执行。这个机构的办公大楼有 M 层，每层楼都有 N 个办公室，编号为 1,…,N，每个办公室都有一个领导。计划必须要第 M 层的某个领导审批通过才行。

计划要想审批通过，每个领导都要满足下面的 3 个条件之一。

（1）这个领导在 1 楼。

（2）计划已经让这个领导正对着的楼下办公室（办公室编号相同）的领导审批通过了。

（3）计划已经让这个领导的相邻办公室（办公室编号相差 1，楼层相同）的领导审批通过了。

每说服一个领导审批都要付出一定的代价，代价不超过 1 000 000 000。

请找出代价最小的审批路线，使计划能顺利地被审批通过。

【输入格式】

第1行有2个整数M和N（$1 \leqslant M \leqslant 100$，$1 \leqslant N \leqslant 500$）。接下来的$M$行，每行有$N$个整数，第$i$行的第$j$个数表示说服第$i$层的第$j$个办公室的领导的代价。

【输出格式】

按顺序输出经过的办公室的编号，每行1个数。

如果有多条代价最小的路线，则输出最短的路径。

【输入样例】

3 4
10 10 1 10
2 2 2 10
1 10 10 10

【输出样例】

3
3
2
1
1

【算法分析】

设 f[i][j] 为说服第 i 层第 j 个办公室的领导审批所需要付出的最小代价。到达这个办公室的途径有 3 种，即从左边的办公室出来再进入、从右边的办公室出来再进入和从下方的办公室出来再进入。具体实现时可以从楼上开始倒推求解，所以得状态转移方程：

f[i][j]=min{f[i+1][j],f[i][j+1],f[i][j−1]}+v[i][j]（v[i][j] 为说服第 i 层第 j 个办公室的领导的代价）

因为在每一层审批时可以左右移动，所以无论是从左向右计算还是从右向左计算都会有后效性，例如如果从左向右更新，那么计算 f[i][j] 时用到的 f[i][j+1] 还没有更新过。

解决方法是在计算的时候分开，先计算从左到右的，再计算从右到左的，故需要进行两次动态规划，方可得出最优解。

需要注意的是，最优解的路径可能不止 1 种，因此答案不唯一。

参考代码如下。

```
1   //复杂的审批
2   #include <bits/stdc++.h>
3   using namespace std;
4
5   int n,m,End;
6   int Map[105][505],f[105][505];
7
8   void DFS(int x,int y)                                    //输出路径
```

```
9   {
10    if(x==1)
11    {
12      printf("%d\n",y);
13      return;
14    }
15    if(f[x-1][y]+Map[x][y]==f[x][y])
16      DFS(x-1,y);
17    else if(f[x][y-1]+Map[x][y]==f[x][y])
18      DFS(x,y-1);
19    else
20      DFS(x,y+1);
21    printf("%d\n",y);
22  }
23
24  int main()
25  {
26    memset(f,127/2,sizeof(f));
27    scanf("%d%d",&n,&m);
28    for(int i=1; i<=n; i++)
29      for(int j=1; j<=m; j++)
30        scanf("%d",&Map[i][j]);
31    for(int i=1; i<=m; i++)                          //第 1 层的特殊处理
32      f[1][i]=Map[1][i];
33    for(int i=2; i<=n; i++)                          //从第 2 层开始进行动态规划
34    {
35      for(int j=1; j<=m; j++)
36        f[i][j]=f[i-1][j]+Map[i][j];
37      for(int j=2; j<=m; j++)
38        f[i][j]=min(f[i][j],f[i][j-1]+Map[i][j]);
39      for(int j=m-1; j>=1; j--)
40        f[i][j]=min(f[i][j],f[i][j+1]+Map[i][j]);
41    }
42    for(int i=1,Min=1e9; i<=m; i++)                  //找到最小值
43      if(f[n][i]<Min)
44      {
45        Min=f[n][i];
46        End=i;
47      }
48    DFS(n,End);
49    return 0;
50  }
```

本题还可以用求最短路径的方法，例如图论中的 SPFA（最短路径算法）。

13.3 拓展与练习

313005 寻找剑神

第 14 章　多进程动态规划

14.1 方格取数

【题目描述】方格取数（GetNum）

有一个 $n \times n$ 的方格（$n \leqslant 8$），其中的某些方格中填入正整数，其余的方格中则填入数字 0。当 n=8 时，方格如图 14.1 所示。

琪儿和琳琳分别从左上角出发，两人轮流走，可以向下走也可以向右走，直到到达右下角。在走的过程中，她们可以取走方格中的数，取走后方格中的数将变为 0。试找出两条这样的路径，使得取得的数的和最大。

A

0	0	0	0	0	0	0	0
0	0	13	0	0	6	0	0
0	0	0	0	7	0	0	0
0	0	0	14	0	6	0	0
0	21	0	0	0	4	0	0
0	0	15	0	0	6	0	0
0	14	0	0	0	0	0	0
0	0	0	0	0	6	0	0

B

图 14.1

【输入格式】

第 1 行为一个整数 n，表示 $n \times n$ 的方格。接下来的每行有 3 个整数，前 2 个整数表示位置，第 3 个整数为该位置上的数。最后一行以 3 个用空格隔开的 0 表示输入结束。

【输出格式】

输出两条路径上取得的最大和。

【输入样例】

```
8
2 3 13
2 6 6
3 5 7
4 4 14
5 2 21
5 6 4
6 3 15
7 2 14
0 0 0
```

【输出样例】

67

由于该题是对两条路径进行最优化决策，因此称这类动态规划过程为分阶段、多进程的最优化决策过程。

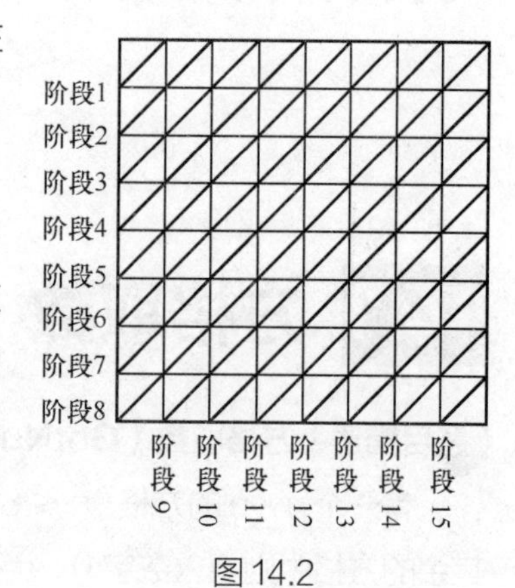

图 14.2

我们可将路径划分为 $2n-1$ 个阶段，如图 14.2 所示，在第 k（$1 \leqslant k \leqslant 2n-1$）个阶段中，两条路径的端点坐标 (x_1,y_1)、(x_2,y_2) 位于对应的对角线上。

在存储状态时，由于是两条路径，每一个位置又是二维的，所以需进行优化。如果在第 k 个阶段已知 x 坐标，则可计算对应的 y 坐标（$y=k+1-x$）。故当两条路径的端点在第 k 个阶段上的横坐标为 x_1、x_2 时，由 $y_1=k+1-x_1$ 和 $y_2=k+1-x_2$ 即可获得两条路径的端点坐标为 (x_1,y_1)、(x_2,y_2)。

在第 $k-1$ 个阶段，设 x_1' 和 x_2' 分别位于 x_1 和 x_2 的左侧或上面，则有两种可能：

（1）若 $x_1=x_2$，两条路径会合，则取 (x_1,y_1) 方格中的数；

（2）若 $x_1 \neq x_2$，则取 (x_1,y_1)、(x_2,y_2) 方格中的数。

设 $f[k][x_1][x_2]$ 是在第 k 个阶段，两条路径的端点分别为 x_1、x_2 时取得的最大和。设 $a(x,y)$ 为坐标 (x,y) 上的数，显然当 $k=1$ 时，有 $f[1][1][1]=0$。

当 $k \geqslant 2$ 时，有状态转移方程：

$$f[k][x_1][x_2]=\max\{f[k-1][x_1'][x_2']+a(x_1,y_1),\ f[k-1][x_1'][x_2']+a(x_1,y_1)+a(x_2,y_2)\}$$

即选择 $x_1=x_2$ 或 $x_1 \neq x_2$ 时两种决策的最大值。

观察状态转移方程可以发现，第 i 个阶段的状态值由第 $i-1$ 个阶段的状态值计算而来，所以可将 $f[k][x_1][x_2]$ 舍去一维变为滚动数组 $f1[x_1][x_2]$ 和 $f2[x_1][x_2]$。

参考代码如下。

```
1   //方格取数
2   #include <bits/stdc++.h>
3   using namespace std;
4
5   int a[11][11];                              //存放 (x,y) 坐标上的方格中的数
6   int f1[101][101],f2[101][101];              //滚动数组用于存放第 i-1 和第 i 个阶段的状态
7   int x,y,z,n;
8
9   void Dp()
10  {
11    for(int k=1; k<=2*n-1; k++)               //准备走第 k 步
12    {
13      for(int x1=1; x1<=k; x1++)              //枚举两条路径在第 i-1 步时的状态 x1
14        for(int x2=x1; x2<=k; x2++)           //x2 从 x1 开始，避免 (x,y) 和 (y,x) 的重复计算
```

```
15          {
16            int Y1=k+1-x1;                          // 如果定义 y1，则会有 C++ 名称冲突
17            int Y2=k+1-x2;
18            if(x1<=n && x1>=1 && x2<=n && x2>=1 && Y1>=1 && Y1<=n && Y2>=1 && Y2<=n)
19              for(int DirA=0; DirA<=1; DirA++)                      //A 沿 x 方向走
20                for(int DirB=0; DirB<=1; DirB++)                    //B 沿 y 方向走
21                {
22                  int X=x1,Y=Y1,x=x2,y=Y2;
23                  if(DirA==0)                                       //A 向右走
24                    Y++;
25                  else                                              //A 向下走
26                    X++;
27                  if(DirB==0)                                       //B 向右走
28                    y++;
29                  else                                              //B 向下走
30                    x++;
31                  if(X<=n && X>=1 && Y<=n && Y>=1 && x<=n && x>=1 && y>=1 && y<=n)
32                    f2[X][x]=max(f2[X][x],f1[x1][x2]+a[x][y]+(X==x?0:a[X][Y]));
33                }
34          }
35        memcpy(f1,f2,sizeof(f2));                                   // 复制滚动数组
36      }
37    }
38
39    int main()
40    {
41      cin>>n;
42      n++;                                      // 为二维数组加上一行一列，保证起点无数据
43      while(cin>>x>>y>>z,x && y && z)
44        a[x+1][y+1]=z;                        // 数组 a 用于存放方格中的数，对应的横、纵坐标都加 1
45      Dp();
46      cout<<f1[n][n]<<endl;
47      return 0;
48    }
```

另一种思路是设 dp[i][j][k][l] 表示两个人走到 (i,j) 和 (k,l) 时取得的最大值，则状态转移方程如下：

$$dp[i][j][k][l]=\max\{dp[i-1][j][k-1][l],dp[i-1][j][k][l-1],dp[i][j-1][k-1][l],dp[i][j-1][k][l-1]\}+val$$

其中 val 表示取的方格中的数。如果两个人走的位置重合，则只加重合位置的方格中的数，否则要分别加两个人走的位置的方格中的数。

参考代码如下。

```
1   // 方格取数 —— DP2
2   #include <bits/stdc++.h>
3   using namespace std;
4
5   int val[15][15],dp[15][15][15][15];
6
7   int Max(int a,int b,int c,int d)
```

```
8    {
9      return max(a,max(b,max(c,d)));
10   }
11
12   int main()
13   {
14     int n,x,y,c;
15     cin>>n;
16     while(cin>>x>>y>>c, x && y && c)
17       val[x][y]=c;
18     for(int i=1; i<=n; i++)
19       for(int j=1; j<=n; j++)
20         for(int k=1; k<=n; k++)
21           for(int l=1; l<=n; l++)
22             dp[i][j][k][l]=Max(dp[i-1][j][k-1][l],        //同时从上方过来
23                                dp[i-1][j][k][l-1],        //分别从上方和左方过来
24                                dp[i][j-1][k-1][l],        //分别从左方和上方过来
25                                dp[i][j-1][k][l-1])        //同时从左方过来
26                            +val[i][j]+(i==k&&j==l ? 0:val[k][l]);
27     cout<<dp[n][n][n][n]<<endl;
28     return 0;
29   }
```

14.2 三取方格数

【题目描述】三取方格数（getnum3）Vijos 1143

设有一个 $N \times N$ 的方格，其中，某些方格中填入正整数，而其他的方格中填入数字 0。

小光等 3 个人从图 14.1 所示的方格左上角的 A 点出发，可以向下走，也可以向右走，直到到达右下角的 B 点。在走的过程中，他们可以取走方格中的数（取走后方格中的数字将变为 0）。3 个人轮流从 A 点到 B 点走一次，试找出 3 条这样的路径，使取得的数的和最大。

【输入格式】

第一行为一个整数 N（$4 \leqslant N \leqslant 20$）。接下来是一个 $N \times N$ 的矩阵，矩阵中的每个元素不超过 10 000 且不小于 0。

【输出格式】

输出一个整数，表示取得的最大和。

【输入样例】

4
1 2 3 4
2 1 3 4
1 2 3 4

1 3 2 4

【输出样例】

39

【算法分析】

这道题与方格取数几乎没有区别，只不过走 2 次换成了走 3 次，可以继续用上一题的思路解决这个问题。设状态 f[i][x_1][x_2][x_3] 表示当 3 个人都已经走完 i 步，3 个人所处位置的横坐标依次为 x_1、x_2、x_3 时所能取到的最大和。因为每一个人都可以从 2 个方向过来，所以一共有 2^3=8 种状态。本题的状态转移方程与上一题的状态转移方程类似，时间复杂度为 $O(n^4)$。

参考代码如下。

```
1   //三取方格数
2   #include <bits/stdc++.h>
3   using namespace std;
4
5   int main()
6   {
7     int f[41][21][21][21],w[21][21];
8     int n,m,y1,y2,y3,i,j,k,get;
9     memset(f,0,sizeof(f));
10    scanf("%d",&n);
11    for(i=1; i<=n; ++i)
12      for(j=1; j<=n; ++j)
13        scanf("%d",&w[i][j]);
14    f[1][1][1][1]=w[1][1];                          //初始化
15    for(int s=2; s<n*2; ++s)
16      for(int x1=1; x1<=n; ++x1)
17        for(int x2=1; x2<=n; ++x2)
18          for(int x3=1; x3<=n; ++x3)
19          {
20            y1=s-x1+1;                              //计算 y1 的值
21            y2=s-x2+1;                              //计算 y2 的值
22            y3=s-x3+1;                              //计算 y3 的值
23            if(y1<1||y2<1||y3<1||y1>n||y2>n||y3>n)
24              continue;                             //防止越界
25            get=w[x1][y1];
26            if(x2!=x1)                              //2 个人的下一步不重合
27              get+=w[x2][y2];                       //累加
28            if(x3!=x2 && x3!=x1)                    //3 个人的下一步不重合
29              get+=w[x3][y3];                       //累加
30            for(int d1=-1; d1<=0; ++d1)             //8 个方向
31              for(int d2=-1; d2<=0; ++d2)
32                for(int d3=-1; d3<=0; ++d3)
33                {
34                  i=x1+d1;
35                  j=x2+d2;
36                  k=x3+d3;
37                  if(i<1 || j<1 ||k<1)
38                    continue;
```

```
39                 if(f[s-1][i][j][k]+get>f[s][x1][x2][x3])
40                   f[s][x1][x2][x3]=f[s-1][i][j][k]+get;
41             }
42         }
43   printf("%d\n",f[n*2-1][n][n][n]);
44   return 0;
45 }
```

进一步，若为N取方格数，则可转变为经典的最大费用、最大流问题，感兴趣的读者可参考相关资料。

14.3 拓展与练习

- 314003 传纸条
- 314004 移动服务
- 314005 回文路径

第 15 章　树形动态规划

树形动态规划涉及数据结构中的二叉树等概念，因此读者学习本章内容的前提是熟练掌握二叉树的各种应用。

15.1 加分二叉树

【题目描述】加分二叉树（tree）

有一棵奇怪的具有 n 个节点的二叉树，二叉树的中序遍历顺序为 $1,2,3,\cdots,n$，其中数字 $1,2,3,\cdots,n$ 为节点编号。每个节点都有一个分数（均为正整数），记第 i 个节点的分数为 d_i。二叉树及它的每棵子树都有一个加分，任何一棵子树（也包含二叉树本身）的加分计算方法为该子树的左子树的加分 × 该子树的右子树的加分 + 该子树的根的分数。若某棵子树为空，则规定其加分为 1。叶子的加分就是叶节点本身的分数，不考虑它的空子树。试求一棵中序遍历顺序为 $1,2,3,\cdots,n$ 且加分最高的二叉树。要求输出：

（1）二叉树的最高加分；

（2）二叉树的前序遍历结果。

【输入格式】

第一行有一个整数 n（$n < 30$），为节点个数。第二行有 n 个用空格隔开的整数，为每个节点的分数（分数 < 100）。

【输出格式】

第一行有一个整数，为最高加分（结果不会超过 4 000 000 000）。第二行有 n 个用空格隔开的整数，为该二叉树的前序遍历结果。

【输入样例】

5

5 7 1 2 10

【输出样例】

145

3 1 2 4 5

【算法分析】

根据输入样例，列出 3 种形式的二叉树，如图 15.1 所示。

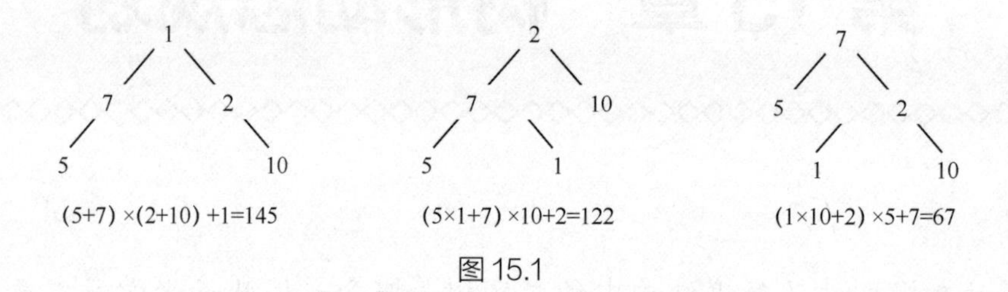

图 15.1

可以看出，第一种形式的二叉树的加分最高。我们可将各种形式的二叉树抽象成一个序列，如图 15.2 所示。

二叉树的中序遍历有一个很好的性质，就是节点 i 的左子树的节点都在 i 的左边，节点 i 的右子树的节点都在 i 的右边，所以从左到右的每一个节点都有可能是根节点。根据这个性质，只要枚举每一个可能的根节点，然后以根节点为界划分左右子树，递归求解（左子树的最高加分 × 右子树的最高加分 + 根的分数）最大值即可。

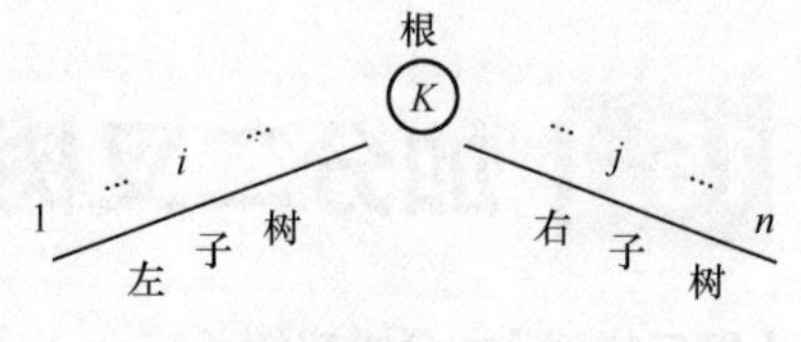

图 15.2

记忆化递归算法的伪代码片段如下，请根据此伪代码片段完成全部代码。

```
1   int Search(int l,int r)                          // 寻找区间 [l,r] 能得到的最大值
2   {
3     if( 区间子树为空 )
4       返回 1
5     if( 该区间的最大值已被算出 )                     // 使用记忆化递归算法
6       直接返回算好的最大值
7     枚举区间内的每个节点，将其作为根节点 i
8     {
9       加分 =Search(l,i-1)*Search(i+1,r)+i 节点分数
10      更新最大加分并标记最大加分的根节点的位置
11    }
12    返回结果
13  }
```

如果考虑使用动态规划算法解决，则可以设 f[i][j] 代表子序列 a[i] 到 a[j] 的最大加分，那么状态转移方程如下：

$$f[i][j]=\max\{\underbrace{f[k][k]}_{\text{根}}+\underbrace{f[i][k-1]}_{\text{左子树的最高加分}}\times\underbrace{f[k+1][j]}_{\text{右子树的最高加分}}\}\ (1\leqslant i\leqslant k\leqslant j\leqslant n)$$

注意空树和只含有一个节点的树的边界条件，最后输出 f[1][n] 的值即可。

参考代码如下。

```
1   // 加分二叉树
2   #include <bits/stdc++.h>
```

```
3   using namespace std;
4
5   long long f[35][35];
6   int root[35][35];                          //root[x][y] 保存区间 [x,y] 的根节点
7
8   void Out(int x,int y)                      // 递归输出前序遍历结果
9   {
10    if(x<=y)
11    {
12      printf("%d ",root[x][y]);              // 输出区间 [x,y] 的根节点
13      Out(x,root[x][y]-1);                   // 递归其左子树
14      Out(root[x][y]+1,y);                   // 递归其右子树
15    }
16  }
17
18  int main()
19  {
20    int n;
21    scanf("%d",&n);
22    for(int i=0; i<=n; i++)
23      for(int j=0; j<=n; j++)
24        f[i][j]=1,root[i][i]=i;
25    for(int i=1; i<=n; i++)
26      scanf("%d",&f[i][i]);
27    for(int i=n; i>=1; i--)                          //i 递减以控制区间范围递增
28      for(int j=i+1; j<=n; j++)                      //i、j 控制区间由小到大递推
29        for(int k=i; k<=j; k++)                      // 枚举区间 [i,j] 内的所有节点
30          if(f[i][j]<(f[i][k-1]*f[k+1][j]+f[k][k]))// 如果有更优解
31          {
32            f[i][j]=f[i][k-1]*f[k+1][j]+f[k][k];   // 则更新为更优解
33            root[i][j]=k;                          // 并标记此更优解的根节点
34          }
35    printf("%lld\n",f[1][n]);
36    Out(1,n);
37    return 0;
38  }
```

其实本题并不能算是真正的树形动态规划，而是“披”着树形外衣的区间动态规划。

15.2 宝藏

【题目描述】宝藏（mine）RQNOJ 30

有一个神秘的宝藏库，该宝藏库没有出口，只有入口。宝藏库总共有 N 个分岔口，分岔口处是有宝藏的，每个宝藏都有一定的价值。M 个人来挖宝藏，为了安全起见，每个分岔口必须至少留 1 个人，这个留下来的人可以挖宝藏（每个人只能挖 1 个地方的宝藏），这样才能保证大家不会迷路。而且这个宝藏库有个特点，任意两点间有且只有 1 条路可通行。问如何才能多

挖些宝藏回去。

【输入格式】

第1行有2个正整数N（$0 < N \leqslant 1000$）和M（$0 < M \leqslant 100$），分别表示宝藏的个数和挖宝藏的人数。第2行有N个整数，第i个整数表示第i个宝藏的价值。第3行到第N+2行，每行有2个非负整数A和B（保证$A \leqslant N$，$B \leqslant N$），表示A通向B。当A=0时，表示A是入口。

【输出格式】

输出挖的宝藏的最大价值。

【输入样例】

4 3
5 6 2 4
1 2
0 1
2 3
3 4

【输出样例】

13

题目描述中有句话——任意两点间有且只有1条路可通行。也就是说这是一棵树，是一棵以入口为根节点的多叉树。为了解题方便，我们需要把多叉树转换为二叉树。实际上，只要想到把多叉树转换为二叉树，就已经成功一半了。

把多叉树转换为二叉树，前提是把树的信息保留下来，也就是谁是谁的子节点、谁是谁的兄弟节点的信息。虽然二叉树中一个节点只能保存两个子节点的信息，但可以将两个子节点改成一个子节点和一个兄弟节点，这就是“左儿子右兄弟”转换法，即当一个节点是另几个节点的兄弟节点时，就把该节点作为父节点的左子节点保存，而把它的兄弟节点作为它自己的右子节点保存，如图15.3所示。

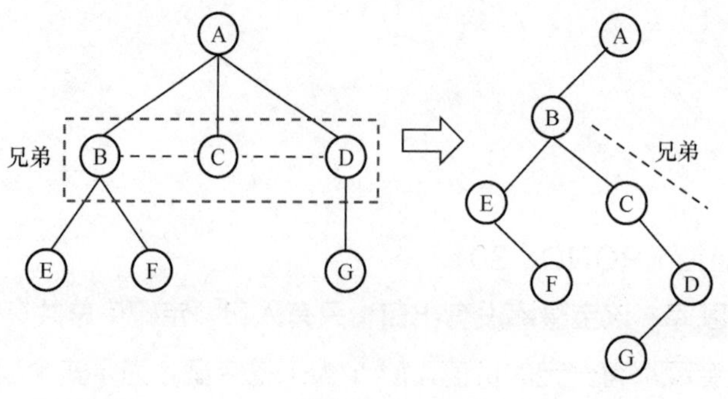

图15.3

设结构体数组 tree[ ] 表示二叉树节点，代码如下。

```
1  struct record
2  {
3    int v;                                    // 价值
4    int left, right;                          // 左子节点、右子节点
5  }tree[1010];
```

输入两个非负整数 *a* 和 *b*，表示 *a* 通向 *b*，则将多叉树转换为二叉树的代码如下。

```
1  for(int i=1;i<=N;i++)                       // 将多叉树转换为二叉树
2  {
3     cin>>a>>b;
4     tree[b].right=tree[a].left;
5     tree[a].left=b;
6  }
```

例如有一棵多叉树及其测试数据，如图 15.4 所示。

当读入 A D 时，树如图 15.5 所示。

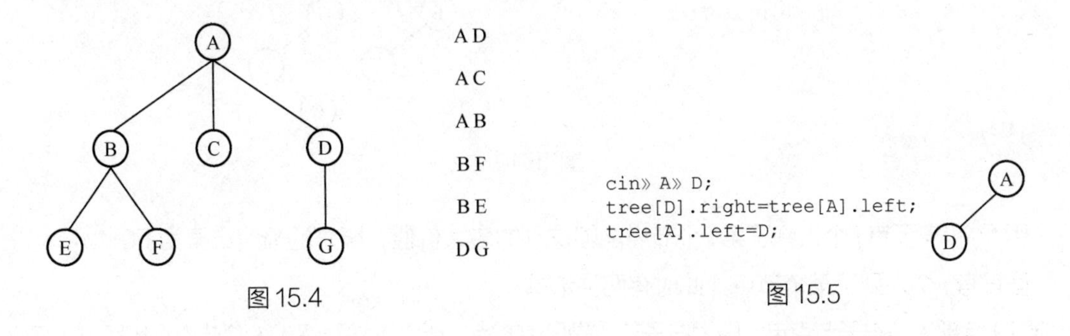

图 15.4

图 15.5

当读入 A C 时，树如图 15.6 所示。当读入 A B 时，树如图 15.7 所示。

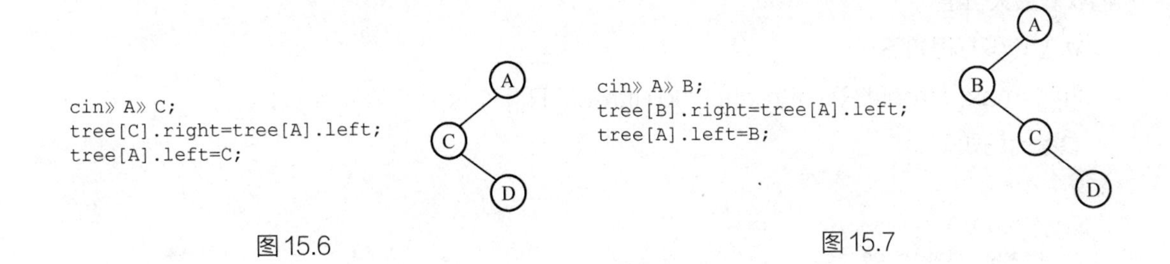

图 15.6

图 15.7

当读入 B F 时，树如图 15.8 所示。

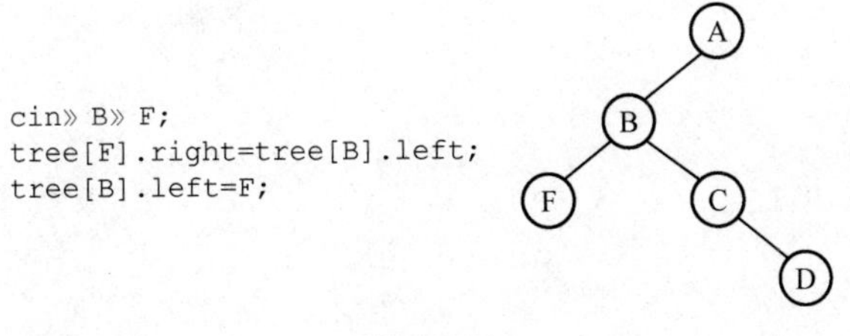

图 15.8

当读入 B E 时，树如图 15.9 所示。

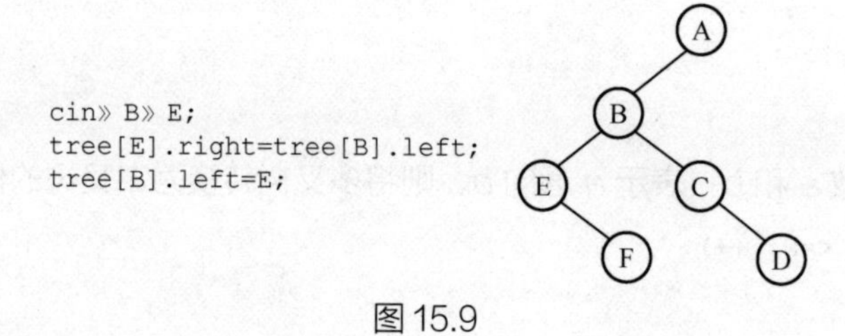

图 15.9

当读入 D G 时，树如图 15.10 所示。

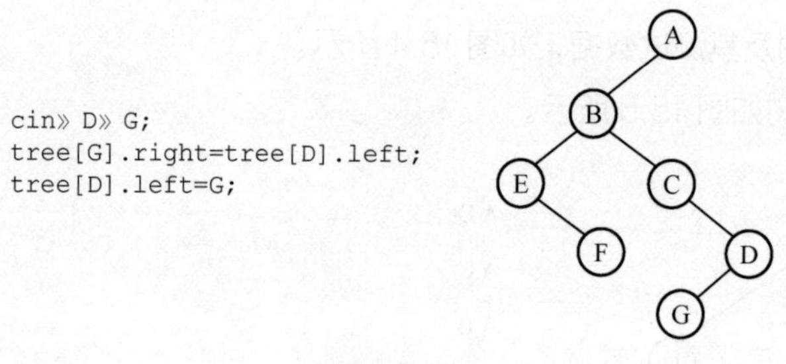

图 15.10

用 f[i][j] 表示有 j 个人到了第 i 个节点能够挖到的最大价值，所求的最终结果为 f[0][M]。

假设有 j 个人到了某个节点，此时有两种选择：

（1）全部人往右子节点走，因为右子节点是兄弟节点，所以不需要留人（父节点已经留过人了）；

（2）留下一人后，k（$0 \leqslant k \leqslant j-1$）个人往左子节点走，$j$-1-$k$ 个人往右兄弟节点走，枚举 k 值获取最大价值。

状态转移方程如下：

f[i][j]=max{ f[tree[i].R][j],f[tree[i].L][k]+f[tree[i].R][j−1−k]}（$0 \leqslant k \leqslant j-1$）

参考代码如下。

```
//宝藏
#include <bits/stdc++.h>
using namespace std;

struct st
{
  int l,r;
} node[2001];

int val[2001];                               //价值
int vis[2001][101];                          //用于记忆化搜索，加快速度
int m,n;

int Dp(int x,int m)
{
```

```
16      if(m==0 || x==0)                            //如果无人或无路可走，则返回 0
17        return 0;
18      if(vis[x][m]!=-1)                           //如果已算出值，则直接返回值
19        return vis[x][m];
20      int ans=0;
21      ans=Dp(node[x].r,m);                        //走右兄弟节点，无须留人
22      for(int i=0; i<m; i++)                      //枚举几个人往左子节点走，几个人往右兄弟节点走
23        ans=max(ans,Dp(node[x].l,i)+val[x]+Dp(node[x].r,m-i-1));
24      vis[x][m]=ans;                              //保存计算好的结果，下次直接用
25      return ans;
26    }
27
28    int main()
29    {
30      scanf("%d%d",&n,&m);
31      memset(vis,-1,sizeof(vis));
32      for(int i=1; i<=n; i++)
33        scanf("%d",&val[i]);
34      for(int i=0; i<=n; i++)                     //初始化
35        node[i].l=node[i].r=0;
36      for(int i=1; i<=n; i++)                     //将多叉树转换为二叉树
37      {
38        int a,b;
39        scanf("%d%d",&a,&b);
40        node[b].r=node[a].l;
41        node[a].l=b;
42      }
43      cout<<Dp(node[0].l,m)<<endl;
44      return 0;
45    }
```

15.3 选课

【题目描述】选课（select）CTSC 98'

学院实行学分制，每门课程都有一定的学分，学生只要选修了这门课程并考核通过就能获得相应的学分，学生最后的学分是他选修的各门课程的学分的总和。

每个学生都要选择规定数量的课程，其中，有些课程可以直接选修，有些课程要求学生有一定的基础，必须在选修了其他的一些课程的基础上才能选修。例如，数据结构课程必须在选修了高级语言程序设计之后才能选修，则称高级语言程序设计是数据结构的先修课。每门课程的直接先修课最多只有一门，两门课程可能存在相同的先修课。为便于表述，每门课程都有一个课号，课号依次为 1,2,3,…。

例如表 15.1 中 1 是 2 的先修课，即如果要选修 2，则 1 必定已选修过了；同样，如果要选修 3，那么 1 和 2 一定都已选修过了。

表 15.1

课号	先修课号	学分
1	无	1
2	1	1
3	2	3
4	无	3
5	2	4

学生不可能学完学院开设的所有课程，因此学生必须在入学时选定自己要学的课程。每个学生可选课程的总数是给定的。假定课程之间不存在时间上的冲突，现在请你找出一个选课方案，使得学生能得到的学分最多，并且必须满足先修课优先的原则。

【输入格式】

第 1 行包括 2 个正整数 M 和 N（中间用一个空格隔开），其中 M 表示待选课程总数（$1 \leqslant M \leqslant 1\,000$），$N$ 表示学生可以选的课程总数（$1 \leqslant N \leqslant M$）。接下来的 M 行，每行有 2 个数（中间用一个空格隔开），第 1 个数为这门课程的先修课的课号（若不存在先修课则该项为 0）；第 2 个数为这门课程的学分，学分是不超过 10 的正整数。

【输出格式】

输出 1 个数，即实际所选课程的学分总数。

【输入样例】

```
7 4
2 2
0 1
0 4
2 1
7 1
7 6
2 2
```

【输出样例】

```
13
```

【算法分析】

这是一个多叉树资源分配问题，也可以看作树上背包问题。

根据输入样例中的数据建树，得到一个森林，需要处理一下。这里的处理有一个小技巧，就是如果有多个根节点，那么不容易进行深度优先搜索，所以可以构造出一个虚拟节点 0，将森林中的每棵树用一个虚拟节点连接起来，这样就形成了一棵树，如图 15.11 所示。

显然这是一棵多叉树，树上的每一个节点可能是 1 个或者多个子节点的父节点（先修课），也可能是叶节点。我们可以对多叉树进行两次动态规划，但一般为了解题方便，需要将多叉树转换为二叉树，如图 15.12 所示。多叉树转换为二叉树的方法为“左儿子右兄弟”。

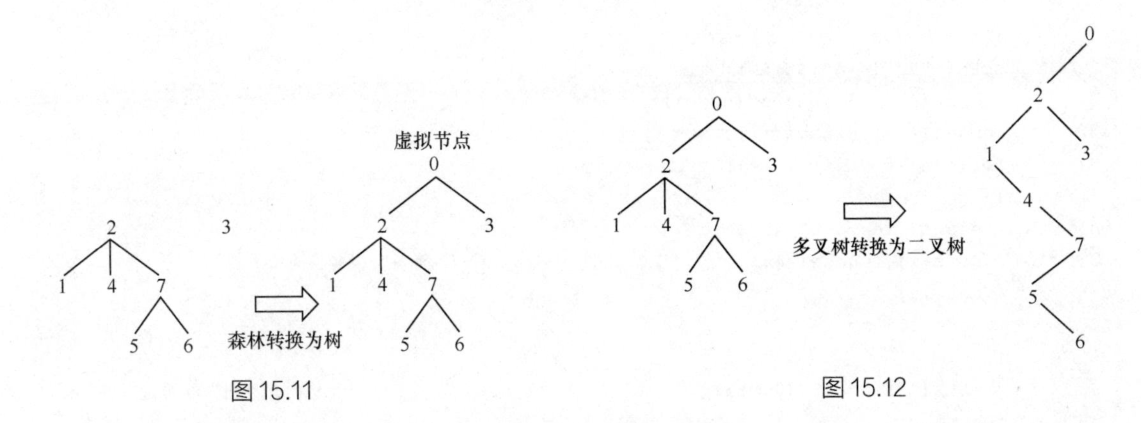

图 15.11　　图 15.12

设 f[i][j] 表示以 *i* 为先修课、选取 *j* 门课程时可得的最多学分（先修课 *i* 不被选取可能是因为没有选它的左子节点），那么第 *i* 门课程分为可选和可不选两种情况：

（1）不选 *i* 这门课程，那么选其右子节点，即全部兄弟课程；

（2）选 *i* 这门课程，那么接下来以 *i* 为先修课的课程及其兄弟课程的选取，满足学分最多的要求即可。

状态转移方程如下：

f[i][j]=max{f[i.right][j],f[i.left][j−k−1]+f[i.right][k]+score[i]} $(0 \leqslant k \leqslant j-1)$

参考代码如下。

```
1   //选课
2   #include <bits/stdc++.h>
3   using namespace std;
4
5   struct tree
6   {
7     int l,r,v;
8   } node[301];
9   int f[301][301];
10
11  int DFS(int x,int y)
12  {
13    if(y==0 || x<0)                          //无课可选，或递归到 0 节点之上
14      return 0;
15    if(x==0)
16      return DFS(node[x].l,y);               //根节点是没有兄弟节点的
17    if(f[x][y]>=0)                           //记忆化搜索
18      return f[x][y];
19    f[x][y]=DFS(node[x].r,y);                //不选第 i 门课
20    for(int i=1; i<=y; i++)                  //选第 i 门课程，枚举如何分配最优
21      f[x][y]=max(f[x][y],DFS(node[x].l,i-1)+node[x].v+DFS(node[x].r,y-i));
22    return f[x][y];
```

```
23  }
24
25  int main()
26  {
27    int M,N,a,b;
28    scanf("%d %d\n",&N,&M);
29    memset(node,-1,sizeof(node));
30    memset(f,-1,sizeof(f));
31    for(int i=1; i<=N; i++)
32    {
33      scanf("%d %d\n",&a,&b);
34      node[i].r=node[a].l;                        //将多叉树转换为二叉树
35      node[a].l=i;
36      node[i].v=b;
37    }
38    printf("%d\n",DFS(0,M));                      //从0节点开始，有M门课程可选
39    return 0;
40  }
```

15.4 没有上司的舞会

【题目描述】没有上司的舞会（party）TOJ 1039

一个舞会的安排是，如果邀请了某个人，那么一定不会再邀请他的直接上司，但可以邀请该人的直接上司的上司，直接上司的上司的上司……。每个人最多有一个上司。

已知每个参加晚会的人都有一定的价值，求一个邀请方案，使价值和最大。

【输入格式】

第1行为1个整数N（$1 \leqslant N \leqslant 6\,000$），表示人数。第2行有$N$个整数，表示每个人的价值$x$（$-128 \leqslant x \leqslant 127$）。接下来每行有2个整数$L$和$K$，表示第$K$个人是第$L$个人的上司。

以0 0表示输入结束。

【输出格式】

输出1个数，即最大的价值和。

【输入样例】

```
7
1 1 1 1 1 1 1
1 3
2 3
6 4
7 4
4 5
```

3 5
0 0

【输出样例】

5

【算法分析】

根据输入样例中的数据，上司与下属之间的关系可以构成一棵树，如图 15.13 所示。

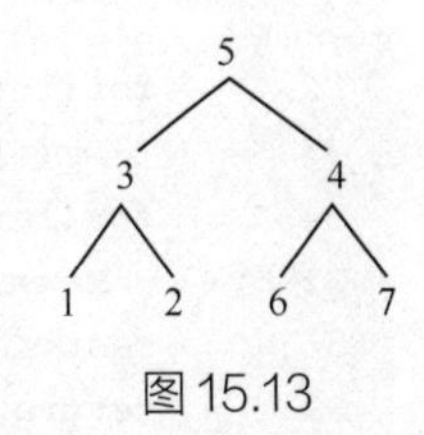

图 15.13

由于是求最优解，并且每一个节点的取舍关乎全局，因此，此题可用树形动态规划来解。

任何一个节点的取舍可以看作一种决策，状态就是取或者不取某个节点。我们可用 f[i][0] 存储不取 i 节点的最优解，用 f[i][1] 存储取 i 节点的最优解，具体来说：

（1）当取 i 节点时，它的所有子节点（下属）都不能取，即 f[i][1]=sum(f[i.son][0])+i；

（2）当不取 i 节点时，可取它的子节点（下属）或不取，即 f[i][0]=sum(max(f[i.son][0], f[i.son][1])；

则 answer=max(f[root][0],f[root][1])。

树形动态规划基本上可以分为两个部分，一个部分是建树，另一个部分是动态规划。一个好的数据结构能使编程变得非常容易，这也是树形动态规划的难点之一。

参考代码如下。

```
1   //没有上司的舞会
2   #include <bits/stdc++.h>
3   using namespace std;
4
5   int N,f[6001][2],parent[6001];
6   bool visited[6001];
7
8   void Dp(int man)
9   {
10    if(!visited[man])                              //没有访问过
11    {
12      visited[man]=1;
13      for(int i=1; i<=N; i++)                      //枚举找到他的下属
14        if(parent[i]==man)
15        {
16          if(!visited[i])
17            Dp(i);
18          f[man][1]+=f[i][0];                      //上司 man 去，则下属 i 不去
19          f[man][0]+=max(f[i][0],f[i][1]);         //上司 man 不去，则下属 i 可去可不去
20        }
21    }
22  }
23
24  int main()
```

```
25  {
26    int man,leader,Max=0;
27    cin>>N;
28    for(int cnt=1; cnt<=N; cnt++)                                //输入每个人的价值
29      cin>>f[cnt][1];
30    while(cin>>man>>leader, man|leader)                          //输入上司与下属的关系
31      parent[man]=leader;
32    for(int i=1; i<=N; i++)                                      //保证每个人都能被搜索到
33      Dp(i);
34    for(int i=1; i<=N; i++)                                      //选最优解
35      Max=max(max(f[i][0],f[i][1]),Max);
36    cout<<Max<<endl;
37    return 0;
38  }
```

15.5 拓展与练习

- 315005 奶牛家谱
- 315006 攻克城堡

第16章　数位动态规划

16.1 包含49

【题目描述】包含49（statistics）HDU 3555

从1开始一直计数到N，求包含“49”的数字的个数。

【输入格式】

第1行为1个整数T（$1 \leqslant T \leqslant 10\,000$），表示有$T$组数据，每组数据有1个整数$N$（$1 \leqslant N \leqslant 2^{63}-1$）。

【输出格式】

每组数据输出1个数，即包含“49”的数字的个数。

【输入样例】

3
1
50
500

【输出样例】

0
1
15

【算法分析】

以N=500为例，共有15个数字（49,149,249,349,449,490,491,492,493,494,495,496,497,498,499）符合要求。

将N个数字分解后存入数组a[ ]，代码如下。

```
1  int len=0;
2  while(N)
3  {
4    a[len++]=N%10;                          //逆序存储
5    N/=10;
6  }
```

题目要求含有“49”的数字的个数，这相当于总数减去不含“49”的数字个数（直接找含“49”的数字比较困难）。

假设 *N*=5 762，从高位往低位开始遍历，即先从千位开始，如果不考虑前导 0，则千位可取的值为 0 ~ 5。可分 2 种情况讨论：

（1）当千位取 0 ~ 4 的时候，百位可以取 0 ~ 9；

（2）当千位取 5 的时候，百位显然只可以取 0 ~ 7。

所以需要设置一个标志，即布尔变量 limit，limit 为假（false）表示情况（1），limit 为真（true）表示情况（2）。例如，当千位取 0 ~ 4 时，limit 为假，百位可以取 0 ~ 9；当千位取 5 时，limit 为真，百位只可以取 0 ~ 7。

遍历时，limit 的值应该分 3 种情况：

（1）若当前位的 limit=true，并且已经取到了能取的最大值，则下一位的 limit=true；

（2）若当前位的 limit=true，并且没有取到能取的最大值，则下一位的 limit=false；

（3）若当前位的 limit=false，则下一位的 limit=false。

这样就可以使用 DFS（深度优先搜索）算法递归搜索并统计所有不含“49”的数字个数了。代码片段如下。

```
1   long long DFS(int pos,int pre,bool limit)//pos 表示当前位，pre 表示上一位
2   {
3     if(pos==-1)                              // 数字的最低位已遍历完
4       return 1;                              // 返回 1，表示找到一个合法数字
5     int up=limit?a[pos]:9;                   // 确定取值是 0 ~ a[pos] 还是 0 ~ 9
6     long long ans=0;                         // 统计满足要求的数字
7     for(int i=0;i<=up;i++)                   // 遍历当前位上可能取的每一个数
8       if(pre==4 && i==9)                     // 如果上一位是 4，这一位是 9，则包含“49”
9         continue;                            // 不必再遍历，因为随后的数字都包含“49”
10      else                                   // 不包含“49”，就继续往下遍历
11        ans+=DFS(pos-1,i,limit && i==a[pos]);// 如 5 762 的千位为 5，则 limit 为真
12    return ans;
13  }
```

为了加快搜索速度，代码中还要加上记忆化搜索算法，即定义 dp[pos][pre]，用于保存上一位是 pre、当前位是 pos、不含“49”的数字的个数。

例如查找 1 ~ 12 345 678 中不含“49”的数字的个数，从高位开始，递归搜索到第 4 位 [如 100?????（? 表示未知数）] 时，继续递归下去，结束后会返回一个数，这个数就是当前位是第 4 位、上一位是 0 的方案数。将该方案数保存到 dp[4][0] 中，这样在后面继续递归搜索，例如搜索到 110????? 时，可以直接返回 dp[4][0] 的值而无须继续递归下去。

但是这种操作并不适用于所有情况，例如递归搜索到 123????? 时，能够直接返回 dp[4][3] 的值吗？显然不可以。因为第 4 位数的取值范围只能是 0 ~ 4，而 dp[4][3] 的值是上一位是 3、第 4 位数的取值范围是 0 ~ 9 的方案数，所以可以得到一个结论：当 limit=true 时，不能保存和使用 dp 的值。

完整的代码如下。

```
//包含 49 —— DFS
#include <bits/stdc++.h>
using namespace std;
typedef long long ll;                                   //声明 long long 的别名为 ll

ll dp[50][10];
int a[50];

ll DFS(int pos,int pre,bool limit)
{
  if(pos==-1)
    return 1;
  if(!limit && dp[pos][pre]!=-1)                         //直接取值
    return dp[pos][pre];
  int up=limit?a[pos]:9;
  ll ans=0;
  for(int i=0; i<=up; i++)
    if(pre==4 && i==9)
      continue;
    else
      ans+=DFS(pos-1,i,limit && i==a[pos]);
  if(!limit)
    dp[pos][pre] = ans;                                  //保存算好的值
  return ans;
}

ll Work(ll x)
{
  int len=0;
  while(x)
  {
    a[len++]=x%10;
    x/=10;
  }
  return DFS(len-1,0,1);
}

int main()
{
  int T;
  scanf("%d",&T);
  memset(dp,-1,sizeof(dp));
  ll N;
  while(T--)
  {
    scanf("%lld",&N);
    printf("%lld\n",N-Work(N)+1);     //+1 是因为程序从 0 开始，但题目是从 1 开始的
  }
  return 0;
}
```

其实类似于这种统计区间 [L,R] 内满足条件的解的个数的题目，还可以使用数位动态规划算法来求解。一个数字可能有个位、十位、百位、千位……，数字的每一位就是数位。数位动态规划就是在数位上进行动态规划。

考虑以下 3 种包含或不包含“49”的情况（设“*”表示不包含“49”）：

（1）******49*****（包含“49”）；

（2）*************（不包含“49”）；

（3）***9*********（某一位是“9”）。

情况（3）中，因为只要在 9 的前面加个 4 就包含“49”了，所以这种情况也需要考虑在内。

设 a[i] 为 N 的第 i 位上的数字。定义二维数组 dp[22][3]，则：

（1）dp[len][0] 代表数字的长度为 len 且不含有“49”的数字的个数；

（2）dp[len][1] 代表数字的长度为 len、不含有“49”，且当前最高位即第 len 位是 9 的数字的个数；

（3）dp[len][2] 代表数字的长度为 len 且含有“49”的数字的个数。

现在，假设 N 为极限大数据，并且假设当前的每一位都可以填 0 ~ 9，则有以下几种情况。

dp[len][0]=dp[len-1][0]×10-dp[len-1][1]，即数字的长度为 len 且数字中不含有“49”的数字的个数，等于数字的长度为 len-1 且不含有“49”的数字的个数 ×10（因为这个位置可以填 0 ~ 9 共 10 种数字），再减去长度为 len-1 的最高位是 9 的数字的个数（因为如果长度为 len-1 的数字的最高位是 9，那么在其左边即第 len 位填上 4 就组成了“49”）。

dp[len][1]=dp[len-1][0]，即长度为 len 的不含有“49”且最高位是 9 的数字的个数，等于长度为 len-1 的不含有“49”的数字的个数（因为只要在第 len 位加上一个 9 就可以了）。

dp[len][2]=dp[len-1][2]×10+dp[len-1][1]，即长度为 len 的含有“49”的数字的个数，等于长度为 len-1 且含有“49”的数字的个数 ×10（因为这个位置可以填 0 ~ 9 共 10 种数字），再加上长度为 len-1 的不含有“49”且第 len-1 位是 9 的数字的个数（因为只要在第 len 位加上 4 就可以组成“49”）。

实际编程时，可以先将其预处理好，代码如下。

```
1  void Init()
2  {
3    dp[0][0]=1,dp[0][1]=0,dp[0][2]=0;
4    for (int i=1; i<=21; i++)
5    {
6      dp[i][0]=dp[i-1][0]*10-dp[i-1][1];          //当前位可以填 0 ~ 9 共 10 种数字
7      dp[i][1]=dp[i-1][0];
8      dp[i][2]=dp[i-1][2]*10+dp[i-1][1];          //当前位可以填 0 ~ 9 共 10 种数字
9    }
10 }
```

但是如果题目中给出了具体的数字 N，那就不能保证当前的每一位都能填充 0 ~ 9，所以还需要在此基础上进一步处理。

用数组 a[ ] 反向存储 *N* 的每一位数字，例如 *N*=495，则数组存储格式如图 16.1 所示。

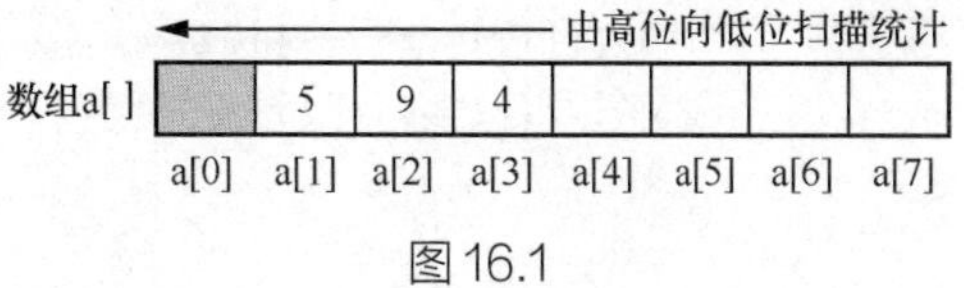

图 16.1

使用循环变量 *i* 从高位向低位（这样无须考虑前导 0）扫描 *N* 的数位上的数，逐区间累加符合条件的数；以 *N*=495 为例，实际是分别累加 [1,399]、[400,489]、[490,494] 区间内符合条件的数后再加上自身，即 495。其计算过程如下。

当 *i*=3 时，a[i]=4，有 dp[i−1][2]×a[i] 即 dp[2][2]×4 个满足条件的数字，dp[2][2] 表示所有两位数中含“49”的数字的个数，显然 dp[2][2]=1，即只有 49 这一个数字。整个式子表示的含义是，百位上可能取的数为 0、1、2 和 3 这 4 个（不能取 4），即 049、149、249 和 349，这实际上是求 [1,399] 区间内有多少个符合条件的数。

当 *i*=2 时，a[i]=9，因为当前位的数字大于 4，所以如果当前位取 4，下一位取 9，则有 449 这一个数字符合条件，即 dp[i−1][1] 个方案。可以看出，因为百位数 4 已确定，所以这次的取值区间为 [400,489]。

当 *i*=1 时，a[i]=5，因为前两位数中已经包含了“49”，所以有 490、491、492、493 和 494 这 5 个数字符合条件，即 dp[i−1][0]×a[i]。可以看出，因为十位数 9 已确定，所以这次的取值区间为 [490,494]。

此外，*N* 自身也包含“49”，所以 495 也是满足要求的，则有 ans++。

N=1 249 时的计算过程如下：

（1）统计区间为 [1,999]；

（2）统计区间为 [1 000,1 199]；

（3）统计区间为 [1 200,1 239]；

（4）统计区间为 [1 240,1 248]；

（5）1 249 自身也满足要求。

这就是数位动态规划算法的巧妙之处，请试着手工模拟验证一下计算过程。

参考代码如下。

```
1   //包含 49 —— 数位动态规划
2   #include <bits/stdc++.h>
3   using namespace std;
4
5   long long n,dp[22][3];
6   int a[22];
7
8   void Init()
9   {
10    dp[0][0]=1;
11    for(int i=1; i<=21; i++)
12    {
13      dp[i][0]=dp[i-1][0]*10-dp[i-1][1];
```

```
14        dp[i][1]=dp[i-1][0];
15        dp[i][2]=dp[i-1][2]*10+dp[i-1][1];
16      }
17    }
18
19    long long Cal(long long n,int len)
20    {
21      long long ans=0;
22      bool flag=false;                                    //标记是否包含“49”
23      for(int i=len; i>=1; i--)                           //从高位向低位扫描
24      {
25        ans+=dp[i-1][2]*a[i];                             //当前位的取值区间为[0,a[i]-1]
26        if(flag)                                          //已经包含了“49”
27          ans+=(dp[i-1][0])*a[i];                         //有*49*x,x的取值区间为[0,a[i]-1]
28        else if(!flag && a[i]>4)                          //当前位的数字大于4
29          ans+=dp[i-1][1];                                //当前位取4，下一位取9成立
30        if(a[i+1]==4 && a[i]==9)
31          flag=true;
32      }
33      if(flag)
34        ans++;
35      return ans;
36    }
37
38    int main()
39    {
40      Init();
41      int t,len;
42      cin>>t;
43      while(t--)
44      {
45        cin>>n;
46        for(len=0; n; n/=10)
47          a[++len]=n%10;
48        cout<<Cal(n,len)<<endl;
49      }
50      return 0;
51    }
```

16.2 幸运数字

【题目描述】幸运数字（lucky）HDU 2089

琳琳喜欢的幸运数字在 n 和 m 之间。现在无法确定该数字是多少，但这个数字中肯定不包含“4”和“62”，因为琳琳不喜欢“4”和“62”。例如，6 215、418、924 这 3 个数字都不是幸运数字；而 68 892 虽然含有“6”和“2”，但因为“6”和“2”没有相连，所以属于幸运数字。

请问 n 和 m 之间可能的幸运数字有多少个？

【输入格式】

输入的都是整数对 n 和 m（$0 < n \leqslant m < 1\,000\,000$）。如果输入的整数对都是 0，则输入结束。

【输出格式】

每个整数对输出一个不含有“4”或“62”的数字的个数，该数值占一行。

【输入样例】

1 100

0 0

【输出样例】

80

【算法分析】

如果理解了上一道题的解题思路，那么解这道题就容易多了，首先考虑 DFS 记忆化搜索算法。

因为题目描述中提到除了要判断数字中是否有“4”之外，还要判断有没有“62”，而“62”涉及两位数的判断，当前一位是“6”或者不是“6”这两种情况的计数结果是不同的，所以记忆化搜索时要用到二维数组 dp[20][2] 来保存 DFS 返回的计数结果。

设 dp[len][0] 表示在不含“4”或“62”的前提下，剩余长度为 len、首位不是 6 的数字的个数。

设 dp[len][1] 表示在不含“4”或“62”的前提下，剩余长度为 len、首位是 6 的数字的个数。

参考代码如下。

```
1   //幸运数字 —— DFS
2   #include <bits/stdc++.h>
3   using namespace std;
4
5   int dp[8][2],digit[8];
6
7   int DFS(int len,bool six,bool limit)          //第二个参数用于判断上一位是不是 6
8   {
9     if(!len)
10      return 1;
11    if(!limit && dp[len][six]!=-1)              //无限制并且 dp[][] 有保存值
12      return dp[len][six];
13    int ans=0;
14    int up=limit ? digit[len]:9;
15    for(int i=0; i<=up; i++)
16    {
17      if(i==4 || six && i==2)                   //跳过不符合条件的数字
18        continue;
19      ans+=DFS(len-1,i==6,limit && i==up);
20    }
```

```
21      if(!limit)
22        dp[len][six] = ans;
23      return ans;
24    }
25
26    int Cal(int n)
27    {
28      int len=0;
29      for(; n; n/=10)
30        digit[++len]=n%10;
31      return DFS(len,false,true);
32    }
33
34    int main()
35    {
36      memset(dp,-1,sizeof(dp));                        //只需初始化一次
37      for(int m,n; scanf("%d%d",&n,&m),n|m;)
38        printf("%d\n",Cal(m)-Cal(n-1));
39      return 0;
40    }
```

数位动态规划的参考代码如下，其中：

dp[len][0] 代表长度为 len，且不含“4”或“62”的数字的个数；

dp[len][1] 代表长度为 len，第 len 位为 2 且不含“4”或“62”的数字的个数；

dp[len][2] 代表长度为 len，且含有“4”或“62”的数字的个数。

```
1     //幸运数字 —— 动态规划
2     #include <bits/stdc++.h>
3     using namespace std;
4
5     int dp[10][3],a[15];
6
7     void Init()
8     {
9       dp[0][0]=1;
10      for(int i=1; i<=8; i++)
11      {
12        dp[i][0]=dp[i-1][0]*9-dp[i-1][1];                //乘 9 是因为不包含 4
13        dp[i][1]=dp[i-1][0];
14        dp[i][2]=dp[i-1][2]*10+dp[i-1][1]+dp[i-1][0];
15      }
16    }
17
18    int Dp(int n)
19    {
20      int len=0;
21      for(int num=n; num; num/=10)
22        a[++len]=num%10;
23      a[len+1]=0;
24      int flag=0,unluck=0;
```

```
25    for(int i=len; i>=1; i--)
26    {
27      unluck+=a[i]*dp[i-1][2];
28      if(flag)
29        unluck+=a[i]*dp[i-1][0];
30      else
31      {
32        if(a[i]>4)
33          unluck+=dp[i-1][0];
34        if(a[i]>6)
35          unluck+=dp[i-1][1];
36        if(a[i+1]==6 && a[i]>2)
37          unluck+=dp[i][1];
38      }
39      if(a[i]==4 || (a[i+1]==6 && a[i]==2))
40        flag=1;
41    }
42    return n-unluck;
43  }
44
45  int main()
46  {
47    Init();
48    for(int n,m; cin>>n && cin>>m && n+m!=0;)
49      cout<<Dp(m+1)-Dp(n)<<endl;
50    return 0;
51  }
```

16.3 拓展与练习

- 316003 数字计数
- 316004 数字 13
- 316005 二进制的数字计数
- 316006 B 的整数幂和计数
- 316007 魔鬼数字

第 17 章　状态压缩动态规划

17.1 混乱的队伍

【题目描述】混乱的队伍（emmm）USACO 08 NOV

有 N 头奶牛，每头奶牛的编号唯一，第 i 头奶牛的编号是 S_i。它们喜欢排成混乱的队伍，在一支混乱的队伍中，相邻奶牛的编号之差均超过 K。例如当 K=1 时，1,3,5,2,6,4 就是一支混乱的队伍，而1,3,6,5,2,4 不是，因为 6 和 5 的差为 1。

试计算共有多少支队伍是混乱的。

【输入格式】

第 1 行有 2 个数字 N（$4 \leqslant N \leqslant 16$）和 K（$1 \leqslant K \leqslant 3\,400$）。随后的 N 行，每行有 1 个数，表示每头奶牛的编号 S_i（$1 \leqslant S_i \leqslant 25\,000$）。

【输出格式】

输出 1 个整数，表示混乱的队伍数。

【输入样例】

```
4 1
3
4
2
1
```

【输出样例】

```
2
```

【算法分析】

对于这道题，如果使用 STL 里的 next_permutation() 函数枚举出所有排列并逐个进行验证，是可以有部分得分的，但更好的解法应该是使用状态压缩动态规划算法。

所谓状态压缩，是指将某个复杂的状态以二进制的形式保存为一个整型数。因为二进制只有 0 和 1 两个数，所以适合用于表示每种物品选或不选的状态。当然，用状态压缩来表示的物品的数量不宜过多，因为一个整型数的二进制位数是有限的。

观察此题，因为奶牛数量 N 不超过 16，所以会很自然地想到用状态压缩的方式来表示每头奶牛选或不选的状态。例如有 5 头奶牛，如果只选了第 1 头奶牛和第 3 头奶牛，则可以将此状态表示为一个十进制数 20，因为 20 的二进制数为 10100。显然，所有的状态在 000…000 到 111…111 之间。

接下来应该会想到使用动态规划的思想遍历所有的状态。按照动态规划的一般做法，每一种会影响最后结果的状态都应该被看成一个维度，就本题而言，每一头奶牛的位置都会对最后的结果产生影响，所以状态压缩的值应该作为状态转移方程的一个维度。

在队伍末尾加入一头奶牛后怎么判断队伍是否混乱呢？显然只要新加入的这头奶牛的编号和原本队尾那头奶牛的编号差大于 K，就可以使队伍继续混乱下去了。

基于以上分析，设 dp[i][state] 表示当前状态为 state 时，最后一头加入队伍的奶牛是 i 的方案数，则最终答案 ans=dp[1][111…111]+dp[2][111…111]+…+dp[n][111…111]。

参考代码如下。

```
1   //混乱的队伍
2   #include <bits/stdc++.h>
3   using namespace std;
4
5   int N,K;
6   int a[17];
7   long long dp[16][1<<16];
8
9   int main()
10  {
11    scanf("%d%d",&N,&K);
12    for(int i=0; i<N; i++)
13      scanf("%d",&a[i]);
14    for(int i=0; i<N; i++)
15      dp[i][1<<i]=1;                                  //初始时只有一头奶牛的方案数为1
16    for(int state=0; state<(1<<N); state++)         //枚举所有状态
17      for(int j=0; j<N; j++)                        //枚举当前队伍末尾可能的奶牛编号
18        if(state & (1<<j))                          //如果该奶牛存在于此状态中
19          for(int i=0; i<N; i++)                    //则枚举末尾要加入的奶牛 i
20            if(!(statc&(1<<i)) && abs(a[j]-a[i])>K) //如果该奶牛之前没有被放入队伍中并且可放
21              dp[i][state|(1<<i)]+=dp[j][state];    //则更新最后一头奶牛为 i 的方案数
22    long long ans=0;
23    for (int i=0; i<N; i++)
24      ans+=dp[i][(1<<N)-1];                         //累加混乱队伍的方案数
25    printf("%lld\n",ans);
26    return 0;
27  }
```

17.2 放置猛兽一

【题目描述】放置猛兽一（embattle1）SGU 223

将猛兽放置在 $N \times N$ 的矩阵中，但是猛兽们均有自己的地盘，它们会攻击自身周围 8 个格子里的任何目标。现有 K 只猛兽，要求猛兽之间不能互相攻击，问有多少个可行方案。

【输入格式】

输入 2 个整数 N（$1 \leqslant N \leqslant 10$）和 K（$0 \leqslant K \leqslant N^2$）。

【输出格式】

输出可行方案的个数。

【输入样例 1】

3 2

【输出样例 1】

16

【输入样例 2】

4 4

【输出样例 2】

79

【算法分析】

和 N 皇后很类似，但本题用搜索算法会超时，故考虑使用状态压缩动态规划算法。
使用二进制数表示放置状态，1 表示放置，0 表示不放置，那么用一个最多 10 位的二进制数即可表示一个状态。例如 N=5，第 1、3、5 列已经放置了猛兽，则这个状态就为 10101。

先解决同一行猛兽的放置问题，即先求出每一行可能的所有状态（也就是用二进制数来表示这一行某一列是否放置猛兽）。例如，当 N=4 时，所有可行状态用 s[] 数组来存储：s[]={0000,0001,0010,0100,1000,0101,1001,1010}。而判断某状态是否可行是通过位运算的左移右移操作获得的。例如，判断 1001 是否可行，可将 1001 左移一位，得到 10010，因为 10010&1001 为 0，所以左右无冲突，1001 状态可行。

再用数组 num[] 存储对应状态的猛兽数。例如，当 N=4 时，对应数组 num[]={0,1,1,1,1,2,2,2}，即 0000 状态有 0 只猛兽，0001 状态有 1 只猛兽，0010 状态有 1 只猛兽，0100 状态有 1 只猛兽，1000 状态有 1 只猛兽，0101 状态有 2 只猛兽，1001 状态有 2 只猛兽，1010 状态有 2 只猛兽。

整个问题的约束条件有行数 N、猛兽数 K 和猛兽之间的放置规则。因为猛兽的放置只对上一行和下一行产生影响（同行的影响已经解决），所以可以用 F[i][a][k] 来表示前 i 行放置 k 只猛兽且第 i 行在 a 状态的总方案数。

则在计算第 *i* 行时，枚举 *i*-1 行的所有放置方案（设为 *b* 状态），状态转移方程如下：

F[i][a][k]+=F[i-1][b][k-num[a]]

当然，必须保证 *a* 状态和 *b* 状态不会产生冲突。而判断 *a* 状态和 *b* 状态会不会冲突，即相邻两行的猛兽会不会相互攻击，可以使用位运算操作，即设 s[a] 表示第 *i* 行的状态，s[b] 表示第 *i*-1 行的状态，则有冲突的情况有 3 种：

（1）s[a] & s[b]=1，说明有两只猛兽在同一列上；

（2）s[a] & (s[b]<<1)=1，即先将第 *i*-1 行的状态左移一位后再与第 *i* 行的状态比较为 1，说明相邻的两列有猛兽；

（3）s[a]<<1 & s[b]=1，这同样说明相邻的两列有猛兽。

边界条件 F[0][0][0]=1 代表第 0 行不放猛兽（这样就不会对后面的放置产生影响）。

参考代码如下。

```
1   //放置猛兽一
2   #include <bits/stdc++.h>
3   using namespace std;
4
5   long long F[11][155][155];          //F[i][a][k]：第 i 行在 a 状态下放 k 只猛兽的方案数
6   int num[155],s[155],N,K,states;     //states 表示一行中可能的合法状态数
7
8   void Init()
9   {
10    for(int i=0; i<(1<<N); ++i)       //枚举 000…000 ~ 111…111 的所有可能状态
11    {
12      if(i & (i<<1))                  //如果某一行内的猛兽互相攻击则丢弃此状态
13        continue;
14      s[++states]=i;                  //保存这个合法的状态
15      for(int t=i; t; t>>=1)
16        num[states]+=(t&1);           //统计该合法状态下放置的猛兽数
17    }
18  }
19
20  void DP()
21  {
22    F[0][1][0]=1;                       //注意 states 的值是从 1 开始的
23    for(int i=1; i<=N; ++i)             //枚举行
24      for(int a=1; a<=states; ++a)      //枚举该行的状态
25        for(int k=num[a]; k<=K; ++k)    //枚举放置的猛兽数
26          for(int b=1; b<=states; ++b) //枚举上一行的状态
27            if(!(s[a]&s[b]) && !(s[a]&(s[b]<<1)) && !(s[b]&(s[a]<<1)))
28              F[i][a][k]+=F[i-1][b][k-num[a]];//无冲突则累加方案数
29    long long ans=0;
30    for(int i=1; i<=states; ++i)
31      ans+=F[N][i][K];
32    cout<<ans<<endl;
33  }
34
35  int main()
```

```
36  {
37      cin>>N>>K;
38      Init();
39      DP();
40      return 0;
41  }
```

对上面的代码进行进一步优化的方法如下。

（1）代码中每次都要判断各个状态是否冲突，所以可以定义一个二维数组 g[][]，g[i][j] 的值表示 s[i] 与 s[j] 能否放置在相邻行，能则为 true，反之则为 false。定义 g[][] 数组后，就不用每次都判断了。

（2）由于 F[i][a][k] 的值只和上一行的值有关，因此可以引入滚动数组。注意：每次动态规划时要初始化 F 数组。

此外，如果 N 的数据范围过大，则需要考虑使用高精度算法。

17.3 放置猛兽二

【题目描述】放置猛兽二（embattle2）PKU 3254

猛兽只能放置在一个 $M \times N$ 的矩阵中，而且由于地形限制部分方格无法放置猛兽，请问若猛兽与猛兽不能相邻，有多少个放置方案?

【输入格式】

第 1 行有 2 个整数 M（$0 \leqslant M \leqslant 12$）和 N（$1 \leqslant N \leqslant 12$）。接下来的 M 行，每行包括 N 个用空格隔开的整数，0 代表不可放置，1 代表可以放置。

【输出格式】

输出放置方案的个数（个数可能较大，取 100 000 000 的余数）。

【输入样例】

2 3

1 1 1

0 1 0

【输出样例】

9

样例中得出方案个数为 9 的过程如下。

若对每个方格进行编号（不可放置的方格编号为 0），则可得到：

1 2 3

0 4 0

不放置猛兽算 1 个方案；放置 1 只猛兽的方案为 1,2,3,4 这 4 个；放置 2 只猛兽的方案有 (1,3)、(1,4)、(3,4) 这 3 个；放置 3 只猛兽的方案有 (1,3,4) 这 1 个；一共 9 个。

输入的每一行数据可以压缩为一个二进制数并存入整型数组 row[13] 中。例如 row[1]=0，即表示二进制数 000; row[2]=5，即表示二进制数 101。显然，此处的 1 表示不可以放置，0 表示可以放置。

预处理每一行可以放置的方案，因为此题有地形的限制，即每一行的放置方案可能均不相同，所以可定义一个二维数组 put[][]，put[i][x]=*j* 表示第 *i* 行的第 *x* 个可行方案为 *j*，put[i][0] 可以保存第 *i* 行的可行方案总数。

代码片段如下。

```
1   for(int x,i=1; i<=M; i++)
2     for(int j=1; j<=N; j++)                          //压缩数据
3     {
4       cin>>x;
5       row[i]=(row[i]<<1)+1-x;
6     }
7   for(int i=1; i<=M; i++)                            //枚举每一行
8     for(int j=0; j<(1<<N); j++)                      //枚举所有方案
9     {
10      if((j<<1)&j || (j>>1)&j || j&row[i])           //如果冲突则忽略
11        continue;
12      put[i][0]++;                                   //保存该行的方案总数
13      put[i][put[i][0]]=j;
14    }
```

联系上一题，易知可以用 F[i][a] 表示第 *i* 行 *a* 状态的可行方案数。

则状态转移方程如下：

F[i][a]+=f[i-1][b]（其中 *a* 状态与 *b* 状态不冲突）

初始值 F[0][1]=1（第 0 行不对第 1 行产生影响）。

随后枚举当前行与上一行的可行状态，获得方案数即可。

我们可以对此题进行空间和时间的优化。

空间优化：首先，可以采用滚动数组来压缩空间；其次，对于存储每一行的可行方案数的数组 put[][]，每一行的方案在此行和下一行使用完后，就不再产生影响，所以也可以采用滚动数组，一边动态规划一边处理状态。这两种方法可以将空间压缩为原来的 1/5 左右。

时间优化：可以使用二维数组 g[][] 记录所有状态的冲突情况，即所谓空间换时间。如果这样做，就可以不使用滚动数组优化空间了。

17.4 炮兵阵地

【题目描述】炮兵阵地（cannon）

在 $N \times M$ 的网格地图上部署炮兵部队，该地图由 N 行 M 列组成，地图的每一格可能是山地（用“H”表示），也可能是平原（用“P”表示），如图 17.1 所示。平原上最多可以部署 1 支炮兵部队（山地上不能部署炮兵部队）。

P	P	H	P	H	H	P	P
P	H	P	H	P	H	P	P
P	P	P	H	H	H	P	H
H	P	H	P	P	P	P	H
H	P	P	P	P	H	P	H
H	P	P	H	P	H	H	P
H	H	H	P	P	P	P	H

图 17.1

如果在图 17.1 中用灰色标识的平原上部署 1 支炮兵部队，则其中的黑色方格表示炮兵部队能够攻击到的区域：横向左右各 2 格，纵向上下各 2 格。图 17.1 中其他白色方格表示攻击不到的区域。从图 17.1 可见炮兵部队的攻击范围不受地形的影响。

现在，试规划部署炮兵部队，在防止误伤的前提下（保证任何两支炮兵部队之间不能互相攻击，即任何一支炮兵部队都不在其他炮兵部队的攻击范围内），使整个地图区域内能够部署的炮兵部队最多。

【输入格式】

第 1 行包含 2 个由空格分隔开的正整数 N（$N \leqslant 100$）和 M（$M \leqslant 10$）。接下来的 N 行，每一行含有连续的 M 个字符（P 或者 H），中间没有空格。按顺序表示地图中每一行的地形。

【输出格式】

输出 1 个整数 K，表示最多能部署的炮兵部队的数量。

【输入样例】

```
5 4
PHPP
PPHH
PPPP
PHPP
PHHP
```

【输出样例】

```
6
```

【算法分析】

设数组 Line[ ] 用于以二进制形式保存地图中每一行的地形，平原为 1，山地为 0。代码片段如下。

```
1  for(int i=1; i<=n; i++)
2    for(int j=1; j<=m; j++)
3    {
4      char c;
```

```
5       cin>>c;
6       Line[i]=(Line[i]<<1)+(c=='P');     //以二进制形式保存每一行的地形，平原为 1，山地为 0
7     }
```

因为每一行中的炮兵部队的攻击范围可以达到上面 2 行和下面 2 行，所以在考虑此行的状态时，还应该考虑上面 2 行状态的影响，故此题的状态转移方程要在 17.3 的基础上再加上 1 维。用 dp[i][b][a] 表示第 *i* 行 *a* 状态、*i*-1 行 *b* 状态的最多炮兵部队数。

状态转移方程如下：

dp[i][b][a]=max{dp[i-1][c][b]+num[i][a]}

其中 *a*、*b* 和 *c* 状态两两不冲突，num[i][a] 表示第 *i* 行 *a* 状态的炮兵部队数。

定义结构体数组 s[105]，用于保存当前行的所有可行方案，则地图中第 1 行进行动态规划初始化的代码如下。

```
1   struct st
2   {
3     int state, num;                           //保存当前状态及该状态下的炮兵部队数
4   } s[105];
5
6   inline int Getnum(int x,int t=0)            //计算 x 转二进制数后有多少个 1
7   {
8     for(; x>0; t++)
9       x=x&(x-1);                              //消除二进制数的最后一个 1
10    return t;
11  }
12
13  int main()
14  {
15    …
16    for(int i=0; i<(1<<m); i++)               //枚举 000…000 ~ 111…111 的所有可行方案
17    {
18      if(i&(i<<1) || i&(i<<2) || i&(i>>1) || i&(i>>2))//判断一行是否左右冲突
19        continue;
20      s[++cnt].state = i;                     //依次保存可行状态
21      s[cnt].num=Getnum(i);                   //统计该状态的炮兵部队数
22      if((i & Line[1]) == i)                  //如果该状态可放在第 1 行
23        dp[1][0][cnt] = s[cnt].num;           //则第 1 行进行动态规划初始化
24    }
25    …
26  }
```

地图中第 2 行进行动态规划初始化的代码大致如下。

```
1   for(int i = 1; i <= cnt; i++)              //第 2 行进行动态规划初始化
2     for(int j = 1; j <= cnt; j++)
3       if(!(s[i].state & s[j].state) && (Line[2] & s[j].state)==s[j].state)
4         dp[2][i][j] = dp[1][0][i]+s[j].num;
```

试完成剩下的代码。

17.5 清扫计划

【题目描述】清扫计划（cls）POJ 3311

有不少猛兽逃窜到了各大城市（城市数不超过 10 个），给城市的安全带来了极大的隐患，管理部门为此派出一支特别小分队到各大城市“清扫”猛兽。现已知到达各大城市花费的时间，求到达所有城市清扫（清扫的时间可以忽略）并返回管理部门的最少时间。

【输入格式】

输入多组数据。每组数据的第 1 行是城市数 N（$1 \leqslant N \leqslant 10$）。随后的 N+1 行，每行有 N+1 个数，表示从管理部门（以 0 表示）到达第 N 个城市（以 1 到 10 表示）花费的时间。第 i 行的第 j 个值表示直接从城市 i 到城市 j 的代价。需要注意的是，直接从城市 i 到城市 j 并不一定是最快的，另外，从城市 i 到城市 j 和从城市 j 到城市 i 花费的时间也不一定相同。最后以 0 表示输入结束。

【输出格式】

输出从管理部门出发到达所有城市并返回管理部门所用的最少时间。

【输入样例】

```
3
0 1 10 10
1 0 1 2
10 1 0 10
10 2 10 0
0
```

【输出样例】

```
8
```

这类似于 Travelling Salesman Problem（TSP），一般译为旅行推销员问题、货郎担问题，是数学领域中著名的问题之一，即“给一个有 n 个点的完全图，每条边都有一定的长度，求总长度最短且正好经过每个顶点一次的封闭回路”。不过 TSP 要求每个顶点仅走过一次，而本题要求每个顶点至少走过一次。

迄今为止，解决更大数据范围的 TSP 还没有找到一个有效算法。

不难想到先用求最短路径的 Floyd 算法求出任意两点的距离 dis[i][j]。

接着枚举所有状态 State，用 11 位二进制数表示 10 个城市和管理部门，1 表示经过，0 表示没有经过。例如经过城市 1、2、5，则二进制数可表示为 00000010011；如果经过所有城市，则二进制数可表示为 11111111111。

设 dp[State][i] 表示在 State 状态下，当前到达城市 i 的最优值，则状态转移方程如下：

dp[State][i]=min{dp[State^(1<<(i−1))][j]+dis[j][i],dp[State][i]}（$1 \leqslant j \leqslant n$）

其中 State^(1<<(i−1)) 表示未到达城市 i 的所有状态。这类似于 Floyd 算法的思想。

因为最终还需要回到管理部门 0，故最终答案就是 min{dp[State][i]+dis[i][0]}。

参考代码如下。

```
1   //清扫计划
2   #include <bits/stdc++.h>
3   using namespace std;
4   const int INF=(1<<30);
5   
6   int dis[12][12],dp[1<<11][12];
7   
8   int main()
9   {
10    int n;
11    while(scanf("%d",&n) && n)
12    {
13      for(int i=0; i<=n; ++i)
14        for(int j=0; j<=n; ++j)
15          scanf("%d",&dis[i][j]);
16      for(int k=0; k<=n; ++k)                        //Floyd 算法
17        for(int i=0; i<=n; ++i)
18          for(int j=0; j<=n; ++j)
19            if(dis[i][k]+dis[k][j]<dis[i][j])
20              dis[i][j]=dis[i][k]+dis[k][j];
21      for(int S=0; S<=(1<<n)-1; ++S)                 //枚举所有状态，用位运算表示
22        for(int i=1; i<=n; ++i)                      //枚举 n 个城市
23          if(S & (1<<(i-1)))                         //在状态 S 下已经经过城市 i
24            if(S==(1<<(i-1)))                        //在状态 S 下只经过城市 i
25              dp[S][i]=dis[0][i];                    //最优值自然是 dis[0][i]
26            else                                     //如果在状态 S 下经过多个城市
27            {
28              dp[S][i]=INF;
29              for(int j=1; j<=n; ++j)                //则寻找 j 使得距离更短，类似 Floyd 算法
30                if(S & (1<<(j-1)) && j!=i)           //j 已到达过且 j 不等于 i
31                  dp[S][i]=min(dp[S^(1<<(i-1))][j]+dis[j][i],dp[S][i]);
32            }
33      int ans=dp[(1<<n)-1][1]+dis[1][0];
34      for(int i=2; i<=n; ++i)                        //找到最优值
35        ans=min(ans,dp[(1<<n)-1][i]+dis[i][0]);
36      printf("%d\n",ans);
37    }
38    return 0;
39  }
```

17.6 拓展与练习

- 317006 方格取数
- 317007 魔法卷轴的力量
- 317008 关押猛兽
- 317009 愤怒的小鸟
- 317010 采矿

第 18 章　动态规划的高级优化

18.1 单调队列优化

18.1.1　最大子序列和

【题目描述】最大子序列和（mss）Tyvj 1305

输入一个长度为 n 的整数序列，从中找出一段不超过 m 个数的连续子序列，使得整个子序列的和最大。

例如有 6 个数为 1、-3、5、1、-2 和 3。当 m=4 时，S=5+1-2+3=7；当 m=2 或 m=3 时，S=5+1=6。

【输入格式】

第 1 行有 2 个数，即 n、m。

第 2 行有 n 个数，数与数之间以空格分隔。

【输出格式】

输出 1 个数，即最大子序列和。

【输入样例】

```
6 4
1 -3 5 1 -2 3
```

【输出样例】

```
7
```

【数据范围】

对于 100% 的数据，$n \leqslant 300\ 000$，$m \leqslant 300\ 000$。

乍一看这道题与《编程竞赛宝典 C++ 语言和算法入门》中讲过的最大子序列和问题类似，但此题求的是不超过 m 个数的连续子序列，而不是选 m 个数的连续子序列。

设 f[i] 表示到第 i 个数的不超过 m 个数的最大连续子序列和，sum[i] 表示 i 的前缀和，则很容易得出状态转移方程：

f[i]=sum[i]-min{sum[k]}（其中 $i-m \leqslant k < i$）

显然计算 min{sum[k]}，即计算 min{ sum[i-1],sum[i-2],⋯,sum[i-m]} 是优化的关键。

这需要一种更高效的方法，即单调队列优化，它可以在 $O(n)$ 的时间内解决问题。

我们知道，队列是一种先进先出（First In First Out，FIFO）的数据结构，其数据进出方式类似于排队打饭，来打饭的人排在队尾，打完饭的人从队首离开，如图 18.1 所示。

而单调队列（monotone queue）是一种特殊的优先队列，可以这么想象：有一个高大的人急匆匆赶来，看打饭的队列排了很长，心中急躁，于是他就从队列的最后一个人开始，看见别人好欺负就将其赶走（出队），抢占别人的位置，直到遇到一个更高大的人就停下来。例如初始队列如图 18.2 所示，将要插入数字 5。

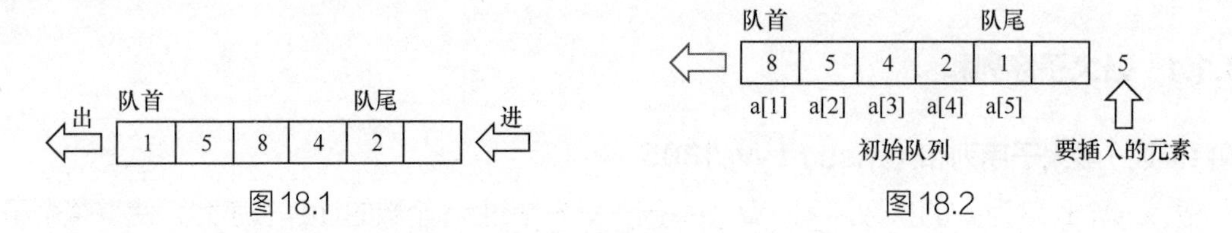

图 18.1　　图 18.2

假如插队的人的战斗力为 5，队列后面 3 个人的战斗力为 4、2、1，都小于 5，而第 2 个人的战斗力和他的战斗力相同，于是他凭着一股蛮力，把这 4 个人全部赶出了队列（包括战斗力为 5 的人），最终排到了战斗力为 8 的人的后面，最终队列如图 18.3 所示。

这种通过插队，把队尾破坏单调性的元素全部挤掉，从而使队列元素保持单调递减（增）的队列，就是所谓的单调队列了。

本题的队列是一个下标递增而元素递减的队列。对于此题，我们需要将队列优化为一个下标递增而前缀和递增的队列，即每一次入队一个 i，就删除在 i 前面所有大于 i 的元素，因为有 i 在，所以这些被删除的元素肯定不会被选入最优答案集合中。图 18.4 所示的是一种可能的单调队列示例，该队列具有前缀和递增的单调性。

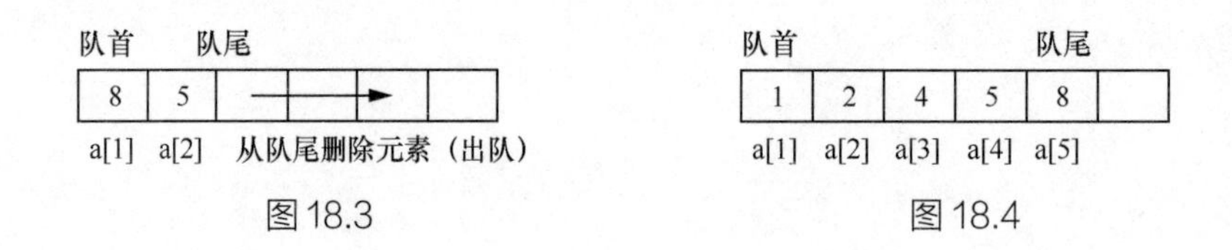

图 18.3　　图 18.4

根据题意，当 i 变化时应及时判断是否超出 m 个元素（如果超过则删除队首元素以维护区间），队首元素即为最优值，其时间复杂度仅为 $O(n)$，优于堆或线段树等数据结构。

参考代码如下。

```
1  //最大子序列和
2  #include <bits/stdc++.h>
3  using namespace std;
4
```

```
5   long long s[300005];                        //前缀和数组
6   list<int> Q;                                //把 STL 里的 list 作为单调队列
7
8   int main()
9   {
10    Q.push_front(0);
11    int n,m;
12    cin>>n>>m;
13    for (int i=1; i<=n; i++)
14    {
15      cin>>s[i];
16      s[i]+=s[i-1];                           //计算前缀和
17    }
18    long long maxx=s[1];
19    for (int i=1; i<=n; i++)
20    {
21      while(!Q.empty() && s[Q.front()]>s[i])//注意此处 front 表示队尾
22        Q.pop_front();                        //删除，保持单调性
23      Q.push_front(i);                        //插入当前元素
24      while(!Q.empty() && i-m>Q.back())       //不超过 m 个元素
25        Q.pop_back();                         //删除队首元素（back 表示队首），维护区间
26      maxx=max(maxx,s[i]-s[Q.back()]);        //更新最优值
27    }
28    cout<<maxx<<endl;
29    return 0;
30  }
```

18.1.2　烽火传递

【题目描述】烽火传递（Beacon）Tyvj 1313

烽火台又称烽燧，是古代重要的军事防御设施，一般建在险要或交通要道上。一旦发现敌情，就点燃柴草，以浓烟和火光传递军情。

某两座城市之间有 n 个烽火台，每个烽火台发出信号都有一定代价。为了使情报准确地传递，连续的 m 个烽火台中至少要有 1 个发出信号。请计算总共最少付出多少代价，才能在敌军来袭之前，使情报在这两座城市之间准确传递。

【输入格式】

第 1 行为整数 n 和 m，其中 n 表示烽火台的个数，m 表示在连续的 m 个烽火台中至少要有一个发出信号。接下来的 n 行，每行有一个数 w_i，表示第 i 个烽火台发出信号所需的代价。

【输出格式】

输出 1 个整数，表示付出的最少代价。

【输入样例】

5 3

1

2
5
6
2

【输出样例】

4

【数据范围】

对于 50% 的数据，$m \leqslant n \leqslant 1\,000$。

对于 100% 的数据，$m \leqslant n \leqslant 100\,000$，$w_i \leqslant 100$。

【算法分析】

设 f[i] 表示当第 i 个烽火台发出信号时，前 i 个烽火台最少付出的代价；w[i] 表示第 i 个烽火台付出的代价，则有状态转移方程：

f[i]=min{f[j]}+w[i]（$i-m \leqslant j \leqslant i-1$）

该方法的时间复杂度是 $O(n^2)$，而题目的数据范围是 $n \leqslant 100\,000$，显然会超时。

可以发现，计算 min{f[j]} 的值是优化的关键，一种方法是使用堆排序找到最小值，但更简单的方法是使用单调队列优化。

根据题意作出图 18.5，可以发现，由区块 1 计算到区块 2，仅仅是在前面删除了一个数 $i-m$，在后面加入了一个数 i。

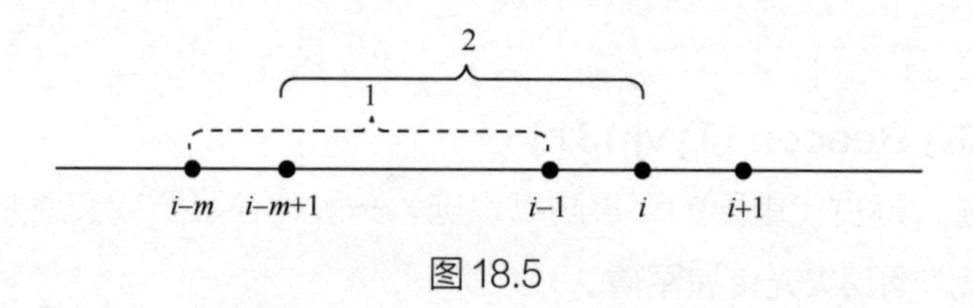

图 18.5

于是就可以维护一个单调递增的单调队列，每次入队时按代价维护单调队列，并删除队首不在区间中的元素，使队列里存有不超过 m 个长度单位的元素，则队首的代价就是要找的最少代价。

参考代码如下。

```
1   //烽火传递
2   #include <bits/stdc++.h>
3   using namespace std;
4
5   int head,tail;                               //队首指针和队尾指针
6   int q[1000010],w[1000010],f[1000010];        //用数组模拟队列（也可用 STL 容器）
7
8   int main()
9   {
10    int n,m;
11    scanf("%d%d",&n,&m);
12    for (int i=1; i<=n; ++i)
```

```
13      scanf("%d",&w[i]);
14    for (int i=1; i<=n; ++i)
15    {
16      while (q[head]<i-m && head<=tail)        //维护区间，当队列不为空时
17        head++;                                //队首指针后移，即队首元素出队
18      f[i]=f[q[head]]+w[i];                    //取最小值，即队首的元素
19      while (f[q[tail]]>f[i] && head<=tail)    //按代价来维护单调队列
20        tail--;                                //队尾弹出影响单调性的元素
21      q[++tail]=i;                             //烽火台序号入队
22    }
23    int ans=0x7fffffff;
24    for (int i=n-m+1; i<=n; ++i)
25      ans=min(ans,f[i]);
26    printf("%d\n",ans);
27  }
```

只要是形如 f[i]=max{f[k]}+w[i] 或 f[i]=min{f[k]}+w[i]（其中 $k < i$，w[i] 与 k 无关，f[k] 可能与 d[1…k] 有关，并且 f[k] 和 w[i] 都可以在 $O(1)$ 时间内算出）的状态转移方程，都能使用单调队列优化，时间复杂度会降为 $O(1)$。

18.1.3　多重背包

【题目描述】多重背包（Mbag）HDU 2191

现有 N（$N \leqslant 10$）种宝石和一个容量为 V（$0 < V < 200$）的背包。第 i 种宝石最多有 n[i] 个可放入背包，每个宝石占用的空间是 v[i]，价值是 w[i]。宝石的总数不超过 50。求解将哪些宝石装入背包可使这些宝石的体积总和不超过背包容量，且价值总和最大。

【输入格式】

第 1 行为 2 个整数 V 和 N。接下来的 N 行，每行有 3 个整数，分别表示每种宝石的占用空间、价值和数量。

【输出格式】

输出 1 个整数，即最大价值总和（保证不超过整型有效范围）。

【输入样例】

8 2
2 100 4
4 100 2

【输出样例】

400

这是之前学过的多重背包问题，若用 f[i][j] 表示容量为 j 的背包放入前 i 种物品后可得到的最大价值总和，则有状态转移方程：

f[i][j]=max{f[i-1][j-k×v[i]]+k×w[i]}　（方程 1）

其中 $0 \leqslant k \leqslant \min\{n[i], j/v[i]\}$，即放入背包的第 i 种物品的数量 k 可能是 0,1,2,⋯,min(n[i], j/v[i]) 个。

显然方程 1 还可以继续用滚动数组来优化，但用单调队列怎么优化多重背包问题呢？

可以发现，f[i][j−k×v[i]] 会被 f[i][j−(k+1)×v[i]] 影响，因为将一个体积为 v 的物品放入容量为 $j-(k+1)\times v$ 的背包，背包的剩余容量为 $j-k\times v$。进一步可知：真正的转移只会发生在同一组中（例如 $4v,5v,6v$），不同的组是不可能发生转移的（例如 $4v$ 和 $4v+1$），每组之间的转移互不影响。

所以我们可按在背包中放入 n 个体积为 v 的某物品后背包的剩余容量分组，如表 18.1 所示，并在随后的分析和代码中，按剩余容量分组，分别进行状态转移。

表 18.1

背包剩余容量	分组
0	$0,v,2v,3v,\cdots$
1	$1,1+v,1+2v,1+3v,\cdots$
……	……
$v-1$	$v-1,2v-1,3v-1,\cdots$

现以背包剩余容量为 0 为例（其他剩余容量同理），当前尝试放入的第 i 种物品的数量为 2，占用空间为 v，价值为 w，背包容量为 V（设 $V > 9v$），设 f(j)=f[i−1][j]，观察计算过程中的一些求值过程。

$j=v$ 时：f[i][j]=max{f(v),f(0)+w}，表示第 i 种物品放 0、1 个。

$j=2v$ 时：f[i][j]=max{f(2v),f(v)+w,f(0)+2w}，表示第 i 种物品放 0、1、2 个。

$j=3v$ 时：f[i][j]=max{f(3v),f(2v)+w,f(v)+2w}，表示第 i 种物品放 0、1、2 个。

$j=4v$ 时：f[i][j]=max{f(4v),f(3v)+w,f(2v)+2w}，表示第 i 种物品放 0、1、2 个。

$j=5v$ 时：f[i][j]=max{f(5v),f(4v)+w,f(3v)+2w}，表示第 i 种物品放 0、1、2 个。

$j=6v$ 时：f[i][j]=max{f(6v),f(5v)+w,f(4v)+2w}，表示第 i 种物品放 0、1、2 个。

如果 $j=v$ 时，每项减去 w；$j=2v$ 时，每项减去 $2w$；$j=3v$ 时，每项减去 $3w$……（减去相同的值不影响比较最大值，而且减去后还会再加回来），则方程右侧变为如下。

$j=v$ 时：max{f(v)−w,f(0)}，每项减去 w。

$j=2v$ 时：max{f(2v)−2w,f(v)−w,f(0)}，每项减去 $2w$。

$j=3v$ 时：max{f(3v)−3w,f(2v)−2w,f(v)−w }，每项减去 $3w$。

$j=4v$ 时：max{f(4v)−4w,f(3v)−3w,f(2v)−2w}，每项减去 $4w$。

$j=5v$ 时：max{f(5v)−5w,f(4v)−4w,f(3v)−3w}，每项减去 $5w$。

$j=6v$ 时：max{f(6v)−6w,f(5v)−5w,f(4v)−4w}，每项减去 $6w$。

很明显，方程右侧要求最大值的那些项有很多重复的。例如求出 $j=4v$ 的最大值后，对于 $j=5v$，只要将求出的最大值与 $f(5v)-5w$ 进行比较来取最大值就可以了。这就是单调队列优化的思想。从图 18.6 中可以看出，包括第 i 件物品不放，单调队列的长度应该为 min{n[i],j/v[i]}+1。

$j=v$:	$f(0)$	$f(v)-w$	$f(2v)-2w$	$f(3v)-3w$	$f(4v)-4w$	$f(5v)-5w$	$f(6v)-6w$
$j=2v$:	$f(0)$	$f(v)-w$	$f(2v)-2w$	$f(3v)-3w$	$f(4v)-4w$	$f(5v)-5w$	$f(6v)-6w$
$j=3v$:	$f(0)$	$f(v)-w$	$f(2v)-2w$	$f(3v)-3w$	$f(4v)-4w$	$f(5v)-5w$	$f(6v)-6w$
$j=4v$:	$f(0)$	$f(v)-w$	$f(2v)-2w$	$f(3v)-3w$	$f(4v)-4w$	$f(5v)-5w$	$f(6v)-6w$
$j=5v$:	$f(0)$	$f(v)-w$	$f(2v)-2w$	$f(3v)-3w$	$f(4v)-4w$	$f(5v)-5w$	$f(6v)-6w$
$j=6v$:	$f(0)$	$f(v)-w$	$f(2v)-2w$	$f(3v)-3w$	$f(4v)-4w$	$f(5v)-5w$	$f(6v)-6w$

图 18.6

现在对之前的方程 1 进行如下调整。

设容量为 j 的背包最多能放下的第 i 种物品的总个数为 $a=j$ /v[i]。

设容量为 j 的背包放下所有第 i 种物品后的剩余空间为 $b=j$ %v[i]。

显然有 $j=a\times$v[i] + b，则方程 1 推导如下：

f[i][j]=max{f[i-1][j-k×v[i]]+k×w[i]}　$(0 \leqslant k \leqslant a)$

→ f[i][a×v[i]+b]=max{f[i-1][a×v[i]+b-k×v[i]]+k×w[i]}

　　　　　　　　=max{f[i-1][b+(a-k)×v[i]]+k×w[i]}（方程 2）

方程 2 实际上是换了一种方式来表达而已。图 18.7 中，当前第 i 种物品的体积为 v[i]，显然背包的容量为 a×v[i]+b；若尝试放入了两个第 i 种物品，即 k=2，则剩余的容量为 b+(a-k)×v[i]。

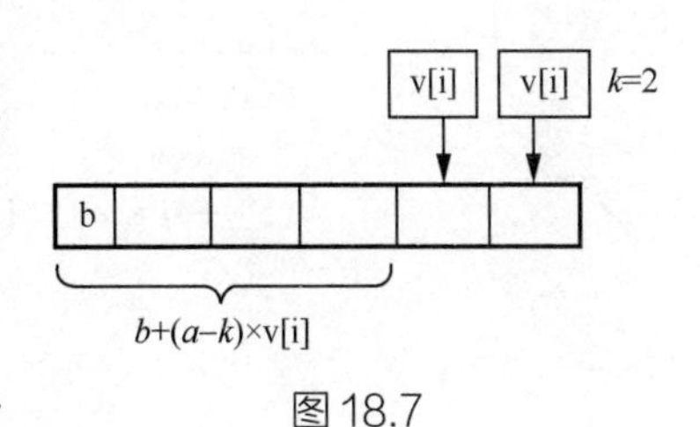

图 18.7

此处的 $a-k$ 表示剩下的容量还够放几个第 i 种物品，可以用变量 t 表示，则 $t=a-k$，将 $t=a-k$ 代入方程 2 得：

f[i][a×v[i] + b]

=max{f[i-1][b+t×v[i]]-t×w[i]+a×w[i]}　　　　// 因为 k×w[i]=(a-t) ×w[i]

=max{f[i-1][b+t×v[i]]-t×w[i]}+a×w[i]（max(0,a-n[i]) ≤ t ≤ a）// 分离常量 a×w[i]

→ f[a×v[i] + b]=max{f[b+t×v[i]]-t×w[i]}+a×w[i]　（使用滚动数组优化的方程 3）

可以将 f[i][j] 前面所有的 f[i-1][b+t×v[i]]-t×w[i] 放入一个递减单调队列（维护单调队列的长度使用单步容斥，即全选 - 不选 = 选），那么，f[i][j] 就是求这个队列最大长度为 min(n[i], j/v[i])+1 时队列中元素的最大值加上 a×w[i]。因为 a×v[i]+b 唯一对应一个 j，所以在 b 的值固定的情况下，max 式子里的值与 a 无关，只与 t 值的变化相关，而 t 是一串连续的数，即 t 的集合在一个滑动区间内（0 ~ (V-b)/v），用单调队列排除不满足条件的 t 值，取可行区间内的最大值即可。

因而原问题可以转化为在 $O(1)$ 时间内求一个队列的最大值，这样就优化掉了多重背包中的物品个数这一维，整个算法的时间复杂度为 $O(NV)$，其中 V 为背包总质量。

参考代码如下。

```
1    // 多重背包 ——单调队列优化
2    #include <bits/stdc++.h>
3    using namespace std;
4    
5    int f[210],q[210],k[210];
```

```
6
7   int main()
8   {
9     int N,V,head,tail,v,w,c;
10    scanf("%d%d",&V,&N);
11    for(int i=1; i<=N; i++)
12    {
13      scanf("%d%d%d",&v,&w,&c);
14      int a=c>V/v?V/v:c;                          //能取的最多个数
15      for(int b=0; b<v; b++)                      //枚举余数
16      {
17        head=tail=1;
18        for(int t=0; t<=(V-b)/v; t++)//枚举t，试考虑将(V-b)/v改为V/v或a是否可行
19        {
20          int tmp=f[b+t*v]-t*w;
21          while(head<tail && q[tail-1]<=tmp)
22            tail--;
23          q[tail]=tmp;
24          k[tail++]=t;                            // 剩下的空间还能再放t个第i种物品
25          while(head<tail && t-k[head]>a)        //单步容斥维护滑动区间，长度不大于a
26            head++;
27          f[t*v+b]=max(f[b+t*v],q[head]+t*w); //+t*w就是方程3里的+a×w[i]
28        }
29      }
30    }
31    printf("%d\n",f[V]);
32    return 0;
33  }
```

18.1.4 纪念手表

【题目描述】纪念手表（watch）POJ 1742

小光想买游乐场的纪念手表，他有 n 种面值的硬币，面值分别为 $A_1,A_2,\cdots,A_n$，每种硬币的数量分别为 $C_1,C_2,\cdots,C_n$。已知手表的价格不大于 m，问使用这些硬币可以组合出多少种不大于 m 的价格。

【输入格式】

输入包含多组测试数据。每组测试数据的第 1 行包含两个整数 n（$1 \leqslant n \leqslant 100$）和 m（$m \leqslant 100\ 000$）。第 2 行包含 $2n$ 个整数，分别为 $A_1,A_2,\cdots,A_n$ 和 $C_1,C_2,\cdots,C_n$（$1 \leqslant A_i \leqslant 100\ 000$，$1 \leqslant C_i \leqslant 1\ 000$）。最后两个 0 表示输入结束。

【输出格式】

每组测试数据输出 1 行答案。

【输入样例】

3 10

1 2 4 2 1 1

2 5
1 4 2 1
0 0

【输出样例】

8
4

【算法分析】

此题的测试数据规模非常大，算法必须优化才可以通过，例如可以根据硬币的数量进行分类考虑：当某种硬币的数量为 1 时，可以使用 0/1 背包算法；当某种硬币的数量较多时，可以使用多重背包的单调队列优化算法；当某种硬币的数量足够多时，可以使用……

18.2 四边形不等式优化

18.2.1 归并石子 3

【题目描述】归并石子 3（merge3）

N 堆石子围成一圈，现要将石子有序地归并成一堆。规定每次只能选相邻的两堆归并成一堆，并将新的一堆的石子的数量记为此次归并的得分。编写一个程序，输入堆数 *N* 及每堆石子的数量，选择一种归并石子的方案，使得：

（1）*N*-1 次归并后，得分的总和最小；

（2）*N*-1 次归并后，得分的总和最大。

【输入格式】

第 1 行为石子堆数 *N*（$N \leqslant 100$）。

第 2 行为每堆石子的数量（≤ 20），各数字之间用空格分隔。

【输出格式】

输出 2 个数，即最大得分和最小得分。

【输入样例】

4
4 5 9 4

【输出样例】

54 43

这道题之前的做法是将环展开成双倍长度的链后按区间进行动态规划。例如求最小值可以用状态转移方程：f[i][j]=min{f[i][k]+f[k+1][j]+cost[i][j]} ($i \leqslant k \leqslant j$)……

诸如 f[i][j]=min{f[i][k]+f[k+1][j]+cost[i][j]}（$i \leqslant k \leqslant j$）这种形式的区间动态规划，其时间复杂度为 $O(n^3)$。可以考虑使用四边形不等式优化，使其时间复杂度降为 $O(n^2)$。

但能否使用四边形不等式优化，要先判断数组是否符合区间包含单调性。区间包含单调性是指对于 $a \leqslant b \leqslant c \leqslant d$，有 cost[b][c] ≤ cost[a][d]，如图 18.8 所示。

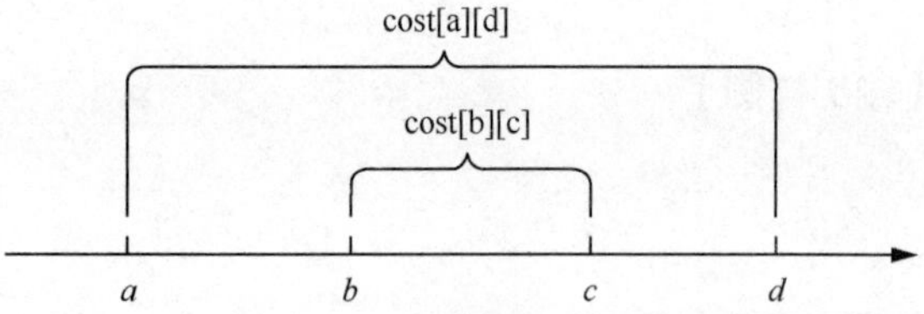

图 18.8

例如，将输入样例中的 4 5 9 4 设为 a、b、c 和 d，有 cost[b][c]=5+9=14，cost[a][d]=4+5+9+4=22，cost[b][c] < cost[a][d]，符合区间包含单调性。

然后判断数组是否满足四边形不等式性质。四边形不等式性质是指对于定义域上的任意整数 a、b、c 和 d，$a \leqslant b \leqslant c \leqslant d$，有 w[a][c]+w[b][d] ≤ w[b][c]+w[a][d]（此处的数组 w 可能是动态规划数组，也可以是其他数组，例如上面提到的 cost[i][j]）。其几何意义如图 18.9 所示，即两根细实线的和≤两根粗实线的和。

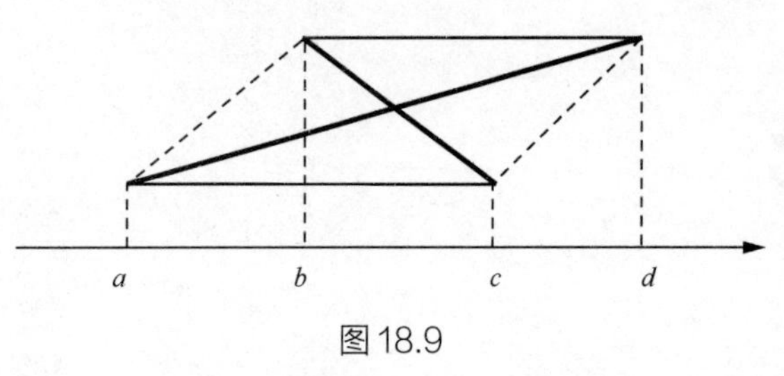

图 18.9

例如，将输入样例中的 4 5 9 4 设为 a、b、c 和 d，则有 cost[a][c]=4+5+9=18，cost[b][d]=5+9+4=18，cost[b][c]=5+9=14，cost[a][d]=4+5+9+4=22，cost[a][c]+cost[b][d] ≤ cost[b][c]+cost[a][d]，满足四边形不等式性质。

接下来介绍两个定理。

定理一：如果上述的数组 w 同时具有区间包含单调性和四边形不等式性质，那么数组 f 也具有四边形不等式性质。

定理二：设 s[i][j] 表示 f[i][j] 取得最小值时的 k 值，假如 f[i][j] 具有四边形不等式性质，那么 s[i][j] 具有区间包含单调性，即 s[i][j-1] ≤ s[i][j] ≤ s[i+1][j]。

由于 f[i][j] 取到最优值时的决策变量 s[i][j] 具有区间包含单调性，所以可以将方程 f[i][j]=min{f[i][k]+f[k+1][j]+cost[i][j]}（$i \leqslant k \leqslant j$）中的 k，即 s[i][j] 的取值范围缩小为 s[i][j−1] ≤ k ≤ s[i+1][j]（s[i][j−1] 和 s[i+1][j] 已在 s[i][j] 之前被计算出来了）。

求出了最小得分后，再来求最大得分。求最大得分不能用四边形不等式，因为四边形不等式仅针对求最小值的情况。但最大值有一个性质，即总是从两个端点的最大者中取，如图 18.10 所示。

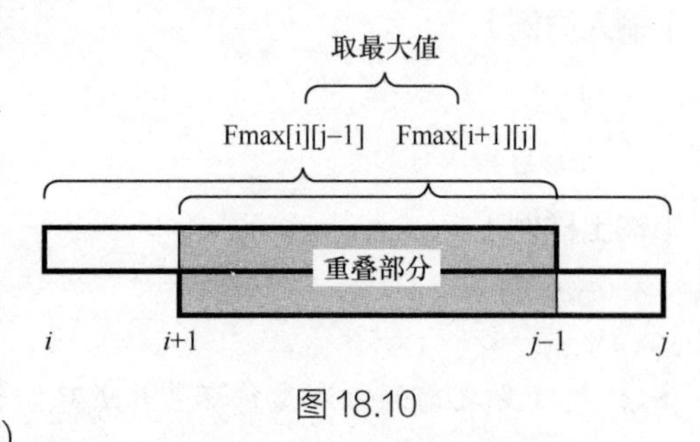

图 18.10

设 Fmax[i][j] 表示区间 [i,j] 的归并最大值，则有：

Fmax[i][j]=max{Fmax[i][j−1],Fmax[i+1][j]}+sum[i][j]（sum[i][j] 是第 i 堆到第 j 堆的石子总数）

参考代码如下。

```
1   //归并石子3 —— 四边形不等式优化
2   #include <bits/stdc++.h>
3   using namespace std;
4   const int N=2005;
5
6   int n,Num,a[N],sum[N];
7   int S[N][N],Fmin[N][N],Fmax[N][N];
8
9   void Init()
10  {
11    scanf("%d",&n);
12    for(int i=1; i<=n; i++)
13    {
14      scanf("%d",&a[i]);
15      a[n+i]=a[i];                                          //将环展开成双倍长的链
16      sum[i]=sum[i-1]+a[i];                                 //计算前缀和
17      S[i][i]=i;
18      S[n+i][n+i]=n+i;
19    }
20    Num= n<<1;                                              //即2n
21    for(int i=n+1; i<=Num; i++)                             //计算后半段链的前缀和
22      sum[i]=sum[i-1]+a[i];
23  }
24
25  int main()
26  {
27    Init();
28    for(int i=Num-1; i>0; i--)                              //循环变量i递减
29      for(int j=i+1; j<=Num;j++)
30      {
31        int t=0x3fffffff,Min=0;
32        Fmax[i][j]=max(Fmax[i][j-1],Fmax[i+1][j])+sum[j]-sum[i-1];
33        for(int k=S[i][j-1]; k<=S[i+1][j]; k++)             //缩小取值范围，求最小值
34        {
35          int temp=Fmin[i][k]+Fmin[k+1][j]+(sum[j]-sum[i-1]);
36          if(temp<t)
37          {
38            t=temp;
39            Min=k;
40          }
41        }
42        S[i][j]=Min;
43        Fmin[i][j]=t;
44      }
45    int Ans1=0,Ans2=0x3fffffff;
46    for(int i=1; i<=n; i++)
47    {
48      Ans1=max(Ans1,Fmax[i][i+n-1]);
49      Ans2=min(Ans2,Fmin[i][i+n-1]);
50    }
```

```
51	    printf("%d\n%d\n",Ans2,Ans1);
52	    return 0;
53	}
```

四边形不等式优化代码十分简单，且效果也很好，但是证明数组 w[ ] 满足四边形不等式性质是个很麻烦的问题。如果实在不想证明，可以使用这里提供的两种简单方法。

（1）如果我们觉得一个方程能用四边形不等式优化，就把它的所有决策点按矩阵方式输出，观察一下每行每列是否单调，如果单调，就说明这个方程可以用四边形不等式优化。

（2）直接用原始代码与四边形不等式优化代码“对拍”。

18.2.2　破坏铁路

【题目描述】破坏铁路（railway）HDU 2829

情报部门发现敌国使用铁路来运送战略物资，铁路是线性的，没有分支。情报部门用整数 1 ~ 100 来标记铁轨上的火车站的重要性，单独的一个火车站的战略价值为 0，其只有连接到其他火车站才有战略价值。例如有图 18.11 所示的铁路段。

图 18.11

其战略价值总和为 4×5+4×1+4×2+5×1+5×2+1×2=49。

因火车站保存着大量的战略物资，所以派出的特工不能破坏火车站，只能破坏铁路。例如特工破坏了中间的一段铁轨，如图 18.12 所示。

图 18.12

则火车站现在的战略价值总和为 4×5+1×2=22。

假设特工破坏了左边一段铁轨，如图 18.13 所示。

图 18.13

则火车站现在的战略价值总和为 5×1+5×2+1×2=17。显然这个选择最优。

【输入格式】

输入有多组数据。每组数据的第一行有两个整数 n（$1 \leqslant n \leqslant 1\,000$）和 m（$0 \leqslant m < n$），

n 是火车站数，m 是破坏次数。随后的一行有 n 个数字，数字大小在 1 到 100 之间，表示每个火车站的重要性。以 0 0 表示数据输入结束。

【输出格式】

每组数据输出一个最小值。

【输入样例】

4 1

4 5 1 2

4 2

4 5 1 2

0 0

【输出样例】

17

2

18.2.3　分段

【题目描述】分段（subset）HDU 3480

将 n 个数分为 m 段，如果将每段中的最大值设为 Max，最小值设为 Min，则该段的代价为 $(\text{Max}-\text{Min})^2$。试问如何划分可使总代价最小。

【输入格式】

输入包含 T 组数据，每组数据的第一行有两个整数 n（$n \leqslant 10\ 000$）和 m（$m \leqslant 5\ 000$），随后的一行有 n 个整数。

【输出格式】

每组数据输出一行总代价，输出格式参见输出样例。

【输入样例】

2

3 2

1 2 4

4 2

4 7 10 1

【输出样例】

Case 1: 1

Case 2: 18

【算法分析】

如果四边形不等式优化无法通过所有数据，则可考虑使用接下来讲的斜率优化。

18.3 斜率优化

对于 dp[i]=max{dp[j]}+x[i] 或 dp[i]=min{dp[j]}+x[i] 形式的状态转移方程，其中 dp[j] 中保存了只与 j 相关的量。这样的状态转移方程可以用单调队列进行优化，从而使时间复杂度从 $O(n^2)$ 降到 $O(n)$。

但并不是所有的状态转移方程都可以用单调队列进行优化，例如：

dp[i]=max{dp[j]+(x[i]-x[j])²}

如果将方程右边展开，会得到类似于 x[i]×x[j] 的项，这就没办法使 dp[j] 里只存在与 j 相关的量，也就无法使用单调队列进行优化了。

对于这种形式的状态转移方程，可以使用斜率优化算法。我们知道，斜率表示一条直线相对于横轴的倾斜程度，斜率越大表明这条直线越陡。例如平面上有两点，坐标分别为 $A(x_1,y_1)$、$B(x_2,y_2)$，有：

（1）若 $x_1=x_2$，则斜率不存在；

（2）若 $x_1 \neq x_2$，则斜率 $k=(y_2-y_1)/(x_2-x_1)$；

（3）若 $y_2=y_1$，则斜率为 0。

斜率优化是把决策与决策之间的关系表示成一个类似于斜率 $(y_2-y_1)/(x_2-x_1)$ 的式子，根据其单调性用队列维护其有用决策，因此斜率优化又称为队列优化。

【题目描述】玩具装箱（toy）BZOJ 1010

游乐场将编号为 1 ~ N（$1 \leqslant N \leqslant 50\ 000$）的玩具依次压缩成一维，第 i 个玩具的一维长度为 C_i（$C_i \leqslant 10^7$），再依次将玩具放入一些一维长度为 $L(1 \leqslant L)$ 的容器中。将一维长度为 x 的某玩具装入一维长度为 L 的容器中，需要花费 $(L-x)^2$ 的代价改装容器。如果一个一维容器中有多个玩具，那么两个玩具之间要加入一个一维长度为 1 的填充物。

问如何包装代价最小。

【输入格式】

第 1 行有 2 个整数，分别是 N 和 L。

第 2 行为按编号从小到大排列的 N 个玩具的一维长度 C_i。

【输出格式】

输出 1 个整数，即总代价的最小值。

【输入样例】

```
5 4
3 4 2 1 4
```

【输出样例】

```
1
```

【样例说明】

第 1 个容器装一维长度为 3 的玩具，改装代价为 1；第 2 个容器装一维长度为 4 的玩具，改装代价为 0；第 3 个容器装一维长度为 2 和 1 的玩具，中间加一维长度为 1 的填充物，改装代价为 0；第 4 个容器装一维长度为 4 的玩具，改装代价为 0。所以总代价为 1。

【算法分析】

设 dp[i] 表示装入前 i 个玩具的最小代价，sum[i] 表示前 i 个玩具的一维总长度，则朴素的状态转移方程如下：

$dp[i]=\min\{dp[j]+(sum[i]-sum[j]+i-j-1-L)^2\}(j < i)$

表示第 j+1 到第 i 个玩具及填充物装入一个容器。

其核心代码如下。

```
1  for(int i=1;i<=n;i++)
2    for(int j=0;j<=i-1;j++)
3      dp[i]=min(dp[i],dp[j]+(i-j-1+sum[i]-sum[j]-L)*(i-j-1+sum[i]-sum[j]-L));
```

可以看出，由于要枚举 j 找到最小值，总时间复杂度为 $O(n^2)$，显然会超时。

优化的方法是先将方程整理为 [1]：

$dp[i]=\min\{dp[j]+(\underline{sum[i]+i}-\underline{sum[j]-j}-1-L)^2\}(j < i)$

为方便描述，设 s[i]=sum[i]+i，L=1+L，则 $dp[i]=\min\{dp[j]+(s[i]-s[j]-L)^2\}(j < i)$。

假设循环变量 j 递增取值时有 $j_1 < j_2 < i$，且在 i 的状态下 j_2 的决策不比 j_1 的决策差（这样就可以淘汰 j_1 了），则满足：

$dp[j_2]+(s[i]-s[j_2]-L)^2 < dp[j_1]+(s[i]-s[j_1]-L)^2$　　　　（公式 1）

如果循环变量 i 继续递增取值，那么 j_2 的决策是否仍然不比 j_1 的决策差呢（尝试证明决策的单调性，因为决策具有单调性是斜率优化的前提）？例如当 i 递增到 t 时，是不是仍然有 $dp[j_2]+(s[t]-s[j_2]-L)^2 < dp[j_1]+(s[t]-s[j_1]-L)^2$ 呢？我们来证明一下。

设未知量 x 表示任意一个正整数，显然有 s[t]=s[i]+x 成立（因为 s[t]=sum[t]+t，s[i]=sum[i]+i），则

$dp[j_2]+(s[t]-s[j_2]-L)^2 < dp[j_1]+(s[t]-s[j_1]-L)^2$

$\to dp[j_2]+(\underline{s[i]}-\underline{s[j_2]}-L+\underline{x})^2 < dp[j_1]+(\underline{s[i]}-\underline{s[j_1]}-\underline{L}+\underline{x})^2$ // 代入 s[t]=s[i]+x

$\to dp[j_2]+(s[i]-s[j_2]-L)^2+2x(s[i]-s[j_2]-L)+x^2 < dp[j_1]+(s[i]-s[j_1]-L)^2+2x(s[i]-s[j_1]-L)+x^2$

$\to \cancel{dp[j_2]+(s[i]-s[j_2]-L)^2}+2x(s[i]-s[j_2]-L)\cancel{+x^2} < \cancel{dp[j_1]+(s[i]-s[j_1]-L)^2}+2x(s[i]-s[j_1]-L)\cancel{+x^2}$

上式删除一些项是因为公式 1，即 $dp[j_2]+(s[i]-s[j_2]-L)^2 < dp[j_1]+(s[i]-s[j_1]-L)^2$。

所以，我们只需证明 $2x(s[i]-s[j_2]-L) < 2x(s[i]-s[j_1]-L)$ 成立即可。

证明：$2x(s[i]-s[j_2]-L) < 2x(s[i]-s[j_1]-L)$

$\to s[i]-s[j_2]-L < s[i]-s[j_1]-L$

$\to s[j_2] > s[j_1]$

[1] 公式带下划线的地方需重点关注。

证明完毕。

于是可以得出结论：如果在 i 的状态下 j_2 的决策比 j_1 的决策好，那么对于 t（$t > i$），j_2 的决策仍然比 j_1 的决策好。所以我们可以在 i 的状态下，将 j_1 永久地删除，这就是决策的单调性。

继续对公式 1 进行操作：

$dp[j_2]+(s[i]-\underline{s[j_2]}-L)^2 < dp[j_1]+(s[i]-\underline{s[j_1]}-L)^2$ //s[i] 和 L 不变，将变化的 s[j₂] 和 s[j₁] 单独区分

$\rightarrow dp[j_2]+\cancel{(s[i]-L)^2}-2(s[i]-L)s[j_2]+s[j_2]^2 < dp[j_1]+\cancel{(s[i]-L)^2}-2(s[i]-L)s[j_1]+s[j_1]^2$

$\rightarrow dp[j_2]-2(s[i]-L)s[j_2]+s[j_2]^2 < dp[j_1]-2(s[i]-L)s[j_1]+s[j_1]^2$

$\rightarrow dp[j_2]+s[j_2]^2-2(s[i]-L)s[j_2] < dp[j_1]+s[j_1]^2-2(s[i]-L)s[j_1]$

$\rightarrow (dp[j_2]+s[j_2]^2)-(dp[j_1]+s[j_1]^2) < \underline{2(s[i]-L)}s[j_2]-\underline{2(s[i]-L)}s[j_1]$

$\rightarrow (dp[j_2]+s[j_2]^2)-(dp[j_1]+s[j_1]^2) < 2(s[i]-L)(s[j_2]-s[j_1])$

$\rightarrow [(dp[j_2]+s[j_2]^2)-(dp[j_1]+s[j_1]^2)]/(s[j_2]-s[j_1]) < 2(s[i]-L)$　　（公式 2）

为了方便描述，把 $(dp[j_2]+s[j_2]^2)$ 看成 Yj_2，把 $s[j_2]$ 看成是 Xj_2，则 $s[j_1]$ 即为 Xj_1，公式 2 可以写成 $(Yj_2-Yj_1)/(Xj_2-Xj_1) < 2(s[i]-L)$　（公式 3）

公式 3 的左边即 $(Yj_2-Yj_1)/(Xj_2-Xj_1)$ 就是斜率，那么公式 3 说明了什么呢？

我们之前假设在 i 的状态下 j_2 的决策比 j_1 的决策好，那么斜率 $slop[j_2,j_1]=(Yj_2-Yj_1)/(Xj_2-Xj_1) < 2(s[i]-L)$ 就代表了在 i 的状态下 j_2 的决策比 j_1 的决策好。所以在 i 的状态下，$2(s[i]-L)$ 就是一个比较的标杆，只要 $slop[x,y] < 2(s[i]-L)$，就说明 x 的决策比 y 的决策要好。

设 $k < j < i$，如果 $slop[i,j] < slop[j,k]$，则此时有两种可能：

（1）$slop[i,j] < 2(s[i]-L)$，说明 i 点比 j 点优，可删除 j 点；

（2）$slop[i,j] \geqslant 2(s[i]-L)$，说明 j 点比 i 点优，但同时 $slop[j,k] > slop[i,j] \geqslant 2(s[i]-L)$，这说明还有 k 点比 j 点更优，同样可以删除 j 点。

所以，排除多余的点就是一种优化。

如果我们用一个双端队列把这些可能会被用到的点按动态规划顺序依次存起来，并按上面的方法把不需要的点去掉，那么对于留在双端队列里从左到右相邻的任意 3 个点 k、j 和 i 来说，一定不会出现 $slop[i,j] < slop[j,k]$ 的情况（因为一旦出现，j 点早就被排除出双端队列了）。那么只可能是 $slop[i,j] \geqslant slop[j,k]$ 的情况出现，即 k 点到 j 点的斜率要小于 j 点到 i 点的斜率，如图 18.14 所示。

留在双端队列里的点形成的图形如图 18.15 所示。

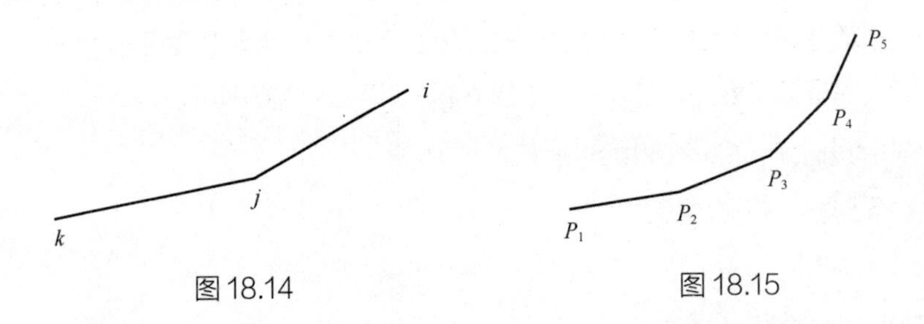

图 18.14　　图 18.15

即从左到右，双端队列中的点形成了一个下凸形，其斜率是单调递增的（有些题可能是单调递减的）。

斜率优化算法的总结如下。

（1）用一个单调队列来维护解集，设队首为 head，队尾为 tail。

（2）假设队列中从头到尾已经有元素 a、b、c。当元素 d 要从 tail 入队的时候，我们维护队列的下凸性质，即如果 slop[d,c] < slop[c,b]，那么就将元素 c 删除。直到找到 slop[d,x] ≥ slop[x,y]，将元素 d 加入该位置。

（3）斜率最小的点一定在 head 处，所以从 head 找起，如果队列中已有元素 a、b、c，当 i 点要求解时，如果 slop[b,a] < 2(s[i]-L)，说明 b 点比 a 点更优，a 点可以排除，于是元素 a 出队……依次操作，一直找到斜率第 1 次大于 2(s[i]-L) 的时候，head 处的值就是 dp[i] 的解。

参考代码如下。

```
1   //玩具装箱
2   #include <bits/stdc++.h>
3   using namespace std;
4   
5   int Que[500050];
6   long long sum[500050],s[500050],Dp[500050];
7   
8   double Y(int j)
9   {
10    return Dp[j]+s[j]*s[j];                            //设 Yj= Dp[j]+s[j]*s[j]
11  }
12  
13  double Slop(int j1,int j2)
14  {
15    return (Y(j2)-Y(j1))/(s[j2]-s[j1]);                //计算斜率
16  }
17  
18  int main()
19  {
20    int n,L;
21    scanf("%d%d",&n,&L);
22    for(int i=1; i<=n; i++)
23    {
24      scanf("%d",&sum[i]);
25      sum[i]+=sum[i-1];
26      s[i]=sum[i]+i;                                   //设 s[i]=sum[i]+i
27    }
28    L++;                                               //设 L=1+L
29    int head=1,tail=1;
30    for(int i=1; i<=n; i++)
31    {
32      while(head<tail && Slop(Que[head],Que[head+1])<=2.0*(s[i]-L))
33        head++;
34      Dp[i]=Dp[Que[head]]+(s[i]-s[Que[head]]-L)*(s[i]-s[Que[head]]-L);
35      while(head<tail && Slop(Que[tail-1],Que[tail])>Slop(Que[tail],i))
```

```
            tail--;
          Que[++tail]=i;
        }
        printf("%lld\n",Dp[n]);
        return 0;
    }
```

使用斜率优化的一些注意事项如下。

（1）计算斜率可能会因为向下取整而出现误差，所以 slope() 函数的参考最好设为 long double 类型。

（2）尽量使用“<=”或“>=”来比较两个斜率，而不使用“<”或“>”。这有助于去除重点，因为重点会导致斜率分母为零而出错，所以一些特殊题目要注意分母为 0 的特殊判断。

（3）判断手写队列不为空的条件是 head<=tail，但出入队判断需要队列中至少有 2 个元素才能进行操作，所以代码应该写成 head<tail。

18.4 拓展与练习

- 318003 快乐假期
- 318004 滑动窗口
- 318005 修剪草坪
- 318006 写作业
- 318013 打印文章
- 318014 仓库建设
- 318015 土地购买
- 318016 拆迁队

第 19 章　综合训练

19.1 逢低吸纳

【题目描述】逢低吸纳（shares）USACO 4.3.1

“逢低吸纳”是炒股的一个秘诀。其意思是，每次购买股票时的股价一定要比你上次购买时的股价低，按照这个规则购买股票的次数越多越好。

现给定某只股票连续 *N* 天的股价，你可以在任何一天购买一次股票，但是购买时的股价一定要比你上次购买时的股价低。该股票某几天的股价如表 19.1 所示。

表 19.1

天数	1	2	3	4	5	6	7	8	9	10	11	12
股价	68	69	54	64	68	64	70	67	78	62	98	87

这个例子中，如果投资者每次购买股票时的股价都比上一次购买时低，那么他最多能买 4 次股票。一种买法如表 19.2 所示（注意：表中忽略了单位。另外，可能有其他的买法）。

表 19.2

天数	1	2	3	4	5	6	7	8	9	10	11	12
股价		69			68	64				62		

试求出投资者最多能购买几次股票。

【输入格式】

第 1 行为 1 个整数 *N*（$1 \leqslant N \leqslant 5\,000$）表示能购买股票的天数。第 2 行为 *N* 个正整数（可能分多行），第 *i* 个正整数表示第 *i* 天的股价，这些正整数的大小不会超过 long int 的范围。

【输出格式】

输出只有 1 行，共 2 个整数，分别表示能够买进股票的次数和股票购买方案的数量。在计算方案的数量时，如果两个方案的股价序列相同，那么这样的两个方案被认为是相同的（只能算一个方案）。因此，两个不同的天数序列可能产生同一个股价序列，这样只能计算一次。

【输入样例】

12

68 69 54 64 68 64 70 67

78 62 98 87

【输出样例】

4 2

19.2 红牌

【题目描述】红牌（red）

临时居民申请红牌包括 N 个步骤，每一个步骤都由政府的某个工作人员负责检查提交的材料是否符合条件。为了加快进程，每一个步骤政府都派了 M 个工作人员来检查材料，政府部门把每一个工作人员处理一个申请所花的天数都对外公开。

为了防止所有申请人都到效率高的工作人员处去申请，这 $M \times N$ 个工作人员被分成了 M 个小组，每个小组在每一个步骤都有一个工作人员。申请人可以选择任意一个小组，也可以更换小组，更换小组的次数没有限制，但是更换小组是很严格的，不能在某一个步骤已经开始但还没结束的时候提出更换，并且也只能从原来的小组 I 更换到小组 I+1，当然，可以从小组 M 更换到小组 1。

例如，下面是 3 个小组 4 个步骤的工作天数。

小组 1: 2 6 1 8

小组 2: 3 6 2 6

小组 3: 4 2 3 6

可以选择小组 1 来完成整个过程，一共花 2+6+1+8=17 天；也可以第 1 步从小组 2 开始，然后第 2 步更换到小组 3，第 3 步更换到小组 1，第 4 步再更换到小组 2，这样一共花 3+2+1+6=12 天。可以发现没有比这样效率更高的选择了。

你的任务是求出完成申请所花的最少天数。

【输入格式】

输入的第 1 行是 2 个正整数 N 和 M（$M \leqslant 2\,000$，$N \leqslant 2\,000$），表示步骤数和小组数。接下来有 M 行，每行有 N 个非负整数，第 i+1（$1 \leqslant i \leqslant M$）行的第 j 个数表示小组 i 完成第 j 步所花的天数，天数都不超过 1 000 000。

【输出格式】

输出 1 个正整数，为完成所有步骤所需的最少天数。

【输入样例】

4 3

2 6 1 8

3 6 2 6

4 2 3 6

【输出样例】

12

19.3 点菜

【题目描述】点菜（eat）

餐馆有 N 种菜，每种菜只有一份，第 i 种卖 a_i 元。问有多少个点菜方案可以正好把 M 元钱花完。

【输入格式】

第 1 行是 2 个数字 N（$N \leq 100$）和 M（$M \leq 10\,000$）。第 2 行有 N 个正整数 a_i（$a_i \leq 1\,000$）（可以有相同的正整数，每个正整数均在 1 000 以内）。

【输出格式】

输出 1 个正整数，表示点菜方案数，保证答案在 int 型数据的取值范围之内。

【输入样例】

4 4

1 1 2 2

【输出样例】

3

19.4 选数统计

【题目描述】选数统计（ChoiceNum）

从 1 到 M 里可以从小到大选出 n 个数，设这些数为 A_1 到 A_n，要求每个数至少为它前一个数的两倍，例如当 M=10、n=4 时，下面是几种可能的选法：

1 2 4 8

1 2 4 9

1 2 4 10

1 2 5 10

求一共有多少种不同的选法。

【输入格式】

输入两个整数 n（$n \leqslant 8$）和 M（$M \leqslant 500$）。

【输出格式】

输出一个数，表示选法数量。

【输入样例】

4 10

【输出样例】

4

19.5 乌龟棋

【题目描述】乌龟棋（tortoise）NOIP 2010

小明过生日的时候，爸爸送给他一副乌龟棋当作礼物。

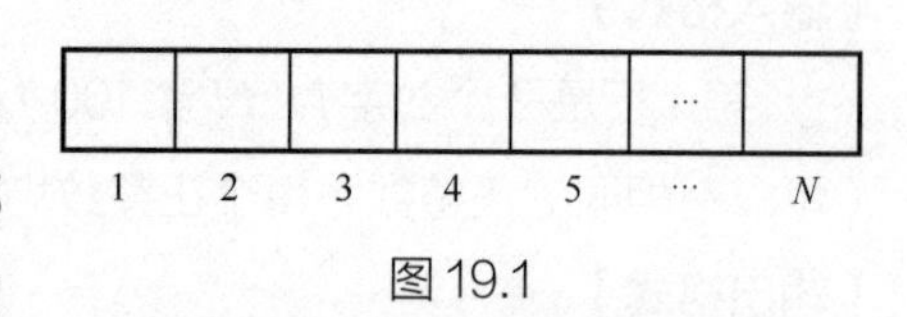

图 19.1

乌龟棋的棋盘有 N 个格子，如图 19.1 所示，格子都在一行中，每个格子上都有一个分数（非负整数）。棋盘的第 1 格是唯一的起点，第 N 格是终点，游戏要求玩家控制一个乌龟棋子从起点出发走到终点。

乌龟棋中有 M 张爬行卡片，分成 4 种不同的类型（M 张卡片中不一定包含所有类型的爬行卡片，见输入样例），每种类型的爬行卡片上分别标有 1、2、3 和 4 这 4 个数字之一，表示使用这种爬行卡片后，乌龟棋子将向前移动相应的格子数。游戏中，玩家每次需要从所有的爬行卡片中选择一张之前没有使用过的爬行卡片，控制乌龟棋子前进相应的格子数，每张爬行卡片只能使用 1 次。游戏开始时，乌龟棋子自动获得起点格子的分数，并且在后续的爬行中每到达 1 个格子，就得到相应格子的分数。玩家最终的游戏得分就是乌龟棋子从起点到终点过程中到过的所有格子的分数总和。

很明显，爬行卡片的使用顺序不同，会使得最终游戏的得分不同。小明想要找到一种爬行卡片的使用顺序，使得最终游戏得分最多。

现在告诉你棋盘上每个格子的分数和所有的爬行卡片，你能告诉小明，他最多能得到多少分吗？

【输入格式】

第 1 行有 2 个正整数 N 和 M，分别表示棋盘格子数和爬行卡片数。第 2 行有 N 个非负整数，即 $a_1,a_2,\cdots,a_N$，其中 a_i 表示棋盘第 i 个格子的分数。第 3 行有 M 个整数，即 $b_1,b_2,\cdots,b_M$，表示 M 张爬行卡片上的数字。

输入数据时，要保证乌龟棋子到达终点时刚好用光 M 张爬行卡片，即

$$N-1=\sum_{1}^{M} b_i \quad (1 \leqslant i \leqslant M)$$

【输出格式】

输出 1 个整数，表示小明最多能得到的分数。

【输入样例 1】

9 5

6 10 14 2 8 8 18 5 17

1 3 1 2 1

【输出样例 1】

73

【输入样例 2】

13 8

4 96 10 64 55 13 94 53 5 24 89 8 30

1 1 1 1 1 2 4 1

【输出样例 2】

455

19.6 守望者的逃离

【题目描述】守望者的逃离（escape）NOIP 2007

守望者要逃离快要沉没的荒岛，他的跑步速度为 17 米 / 秒，以这样的速度是无法逃离荒岛的。庆幸的是，守望者拥有闪烁法术，可在 1 秒内移动 60 米，不过每次使用闪烁法术都会消耗 10 点魔法值。守望者的魔法值的恢复速度为 4 点 / 秒，且只有处在原地休息状态时才能恢复。

现在已知守望者的魔法初值为 M，他所在的初始位置与荒岛的出口之间的距离为 S，荒岛沉没的时间为 T。你的任务是写一个程序帮助守望者计算如何在最短的时间内逃离荒岛，若不能逃离，则输出守望者在剩下的时间内能走的最远距离。

【输入格式】

输入仅一行，包括用空格隔开的 3 个非负整数 M、S 和 T（$1 \leqslant T \leqslant 300\,000$，$0 \leqslant M \leqslant 1\,000$，$1 \leqslant S \leqslant 10^8$）。

【输出格式】

第一行为字符串“Yes”或“No”（区分大小写），表示守望者是否能逃离荒岛。第二行包含一个整数。第一行为“Yes”（区分大小写）时，该整数表示守望者逃离荒岛的最短时间；第一行为“No”（区分大小写）时，该整数表示守望者能走的最远距离。

【输入样例 1】

39 200 4

【输出样例 1】

No

197

【输入样例 2】

36 255 10

【输出样例 2】

Yes

6

【算法分析】

使用贪心算法和动态规划算法均可解决该题。

19.7 三角形最大面积

【题目描述】三角形最大面积（TriangleArea）

给定一张三角形纸，黑色区域代表已被剪掉了，如图 19.2 所示，试求出白色区域中最大的三角形的面积。

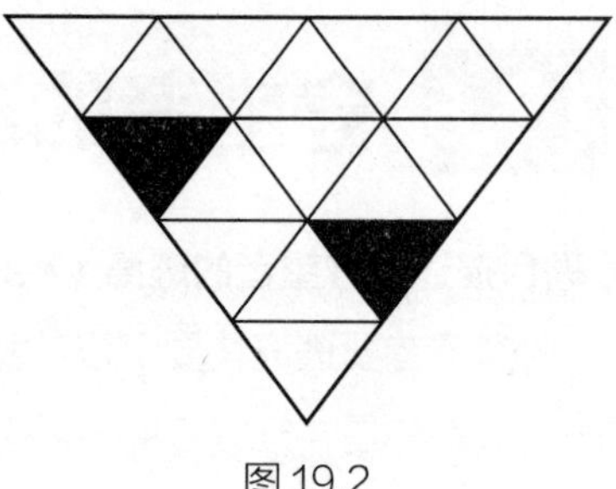

图 19.2

【输入格式】

输入若干个三角形纸的描述。每个三角形纸的描述的第一行是一个整数 n（$1 \leqslant n \leqslant 100$），表示该三角形纸的高。接下来的 n 行，每行包含由空格、“#”和“-”组成的字符串，表示三角形纸的状况。其中“#”代表黑色区域；“-”代表白色区域；空格放在输入的字符左边，从而使得输入的字符构成一个三角形。

三角形的每行中，字符“#”和“-”的数目之和都是奇数，由 $2n-1$ 递减到 1。

最后一行以 0 表示输入结束。

【输出格式】

对于每个三角形，输出白色区域中最大的三角形的面积。注意：最大的三角形可以是顶角朝上的，如输入样例中的第 2 个三角形所示。

【输入样例】

```
5
#-##----#
 -----#-
  ---#-
   -#-
    -
```

```
4
#-#-#--
 #---#
  ##-
   -
0
```

【输出样例】

```
9
4
```

19.8 积木游戏

【题目描述】积木游戏（juggle）华东师范 OJ 1244

每个游戏者有 N 块编号依次为 1,2,…,N 的长方体积木。每块积木的 3 条边分别称为“a 边”“b 边”“c 边”，如图 19.3 所示。

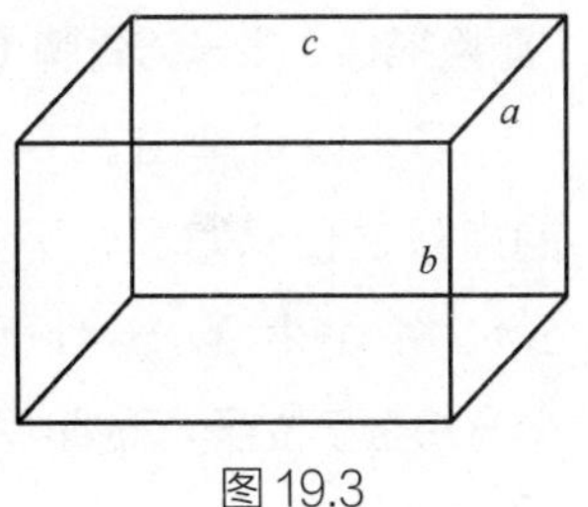

图 19.3

游戏规则如下。

（1）从 N 块积木中选出若干块，并将它们分成 M（$1 \leqslant M \leqslant N$）堆，称为第 1 堆、第 2 堆……第 M 堆。每堆至少有 1 块积木，并且第 K 堆中任意一块积木的编号要大于第 K+1 堆中任意一块积木的编号（$2 \leqslant K \leqslant M$）。

（2）对于每一堆积木，游戏者要将它们垂直摞成一根柱子，并使它们满足下面两个条件。

①除最顶上的一块积木外，任意一块积木的上表面仅与另一块积木的下表面接触，并且下面积木的上表面能包含上面积木的下表面。也就是说，下面积木的上表面的两对边的长度分别大于或等于上面积木的下表面的两对边的长度。

②对于任意两块上下表面相接触的积木，下面积木的编号要小于上面积木的编号。

最后，根据游戏者摞成的 M 根柱子的高度之和来决出胜负。

请你编写一个程序，寻找一个摞积木的方案，使得游戏者摞成的 M 根柱子的高度之和最大。

【输入格式】

第 1 行有 2 个正整数 N 和 M（$1 \leqslant M \leqslant N \leqslant 100$），分别表示积木总数和要求摞成的柱子数，这两个正整数之间用空格隔开。接下来的 N 行依次是编号从 1 到 N 的 N 块积木的尺寸，每行有 3 个 1 至 1 000 之间的整数，分别表示积木 a 边、b 边和 c 边的长度。同一行相邻两个整数之间用空格隔开。

【输出格式】

输出 1 个整数，表示 M 根柱子的高度之和。

【输入样例】

4 2

10 5 5

8 7 7

2 2 2

6 6 6

【输出样例】

24

19.9 多米诺骨牌

【题目描述】多米诺骨牌（domino）

多米诺骨牌由上下两个方块组成，每个方块中有 1 ~ 6 个点。现将排成行的上方块中的点数之和记为 S_1，下方块中的点数之和记为 S_2，它们的差为 $|S_1-S_2|$。例如在图 19.4 中，S_1=6+1+1+1=9，S_2=1+5+3+2=11，$|S_1-S_2|$=2。每个多米诺骨牌可以旋转 180°，使得上下两个方块互换位置。试编写一个程序，用最少的旋转次数使多米诺骨牌上下两行的点数之差最小。

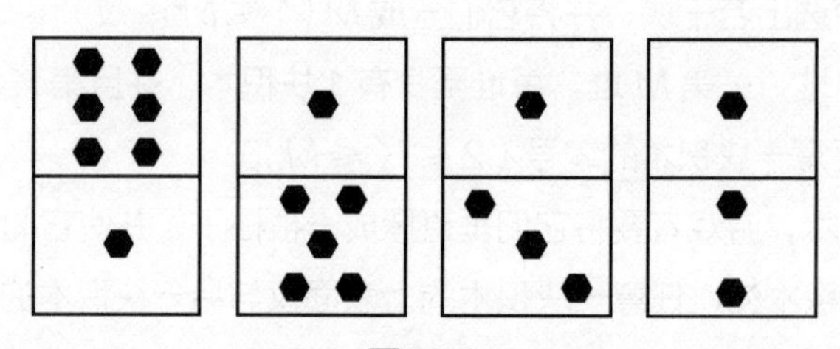

图 19.4

对于图 19.4 中的例子，只要将最后一个多米诺骨牌旋转 180°，可使上下两行的点数之差为 0。

【输入格式】

第一行是一个正整数 n（$1 \leqslant n \leqslant 1\,000$），表示多米诺骨牌数。接下来的 n 行表示 n 个多米诺骨牌的点数，每行有两个用空格隔开的正整数，表示多米诺骨牌上下方块的点数 a 和 b，且 $1 \leqslant a$，$b \leqslant 6$。

【输出格式】

输出一个整数，表示求得的最少旋转次数。

【输入样例】

4

6 1

1 5

13

12

【输出样例】

1

19.10 最大子树和

【题目描述】最大子树和（maxsum）

有一枝奇怪的花，上面有 N 朵花，共有 N-1 根枝条将花连在一起，并且未修剪时每朵花都不是孤立的。每朵花都有一个“美丽指数”，该数越大说明这朵花越漂亮。也有美丽指数为负数的，说明这朵花不好看。所谓修剪是指去掉其中的一根枝条，这样一枝花就成了两枝花，扔掉其中一枝。经过一系列修剪之后，还剩下最后一枝花（也可能是一朵）。

你的任务就是，通过一系列修剪（也可以不修剪），使剩下的那枝（那朵）花上的所有花的美丽指数之和最大。

【输入格式】

第一行有一个整数 N（$1 \leqslant N \leqslant 16\,000$），表示原始的那枝花上的花朵的数量。第二行有 N 个整数，第 I 个整数表示第 I 朵花的美丽指数。接下来的 N-1 行，每行有两个整数 a 和 b，分别表示存在一根连接第 a 朵花和第 b 朵花的枝条。

【输出格式】

输出一个数，表示经过一系列修剪之后所能得到的最大美丽指数之和。保证绝对值不超过 2 147 483 647。

【输入样例】

7

-1 -1 -1 1 1 1 0

1 4

2 5

3 6

4 7

5 7

6 7

【输出样例】

3

19.11 访问美术馆

【题目描述】访问美术馆（visit）

警察在模拟演练，以防止美术馆的画被偷。美术馆的结构如图 19.5 所示，每条走廊要么分叉为两条走廊，要么通向一个展览室。“盗画者”知道每个展览室里藏画的数量，并且他精确测量了通过每条走廊的时间。由于经验丰富，他“拿”下一幅画只需要 5 秒。你的任务是编写一个程序，计算在警察赶来之前，他最多能偷到多少幅画。

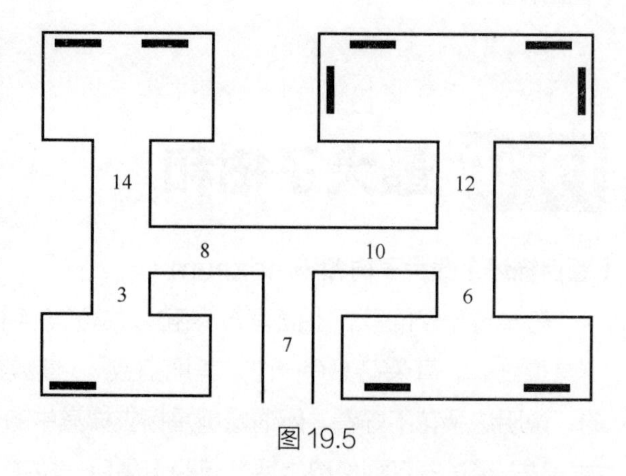

图 19.5

【输入格式】

第一行是警察赶到的时间，以秒为单位。第二行描述了美术馆的结构，是一串成对出现的非负整数，每一对的第一个数是盗画者走过一条走廊的时间，第二个数是走廊末端的画的数量；如果第二个数是 0，那么说明这条走廊分叉为两条走廊。数据按照深度优先的次序给出。

一个展览室最多有 20 幅画。盗画者通过每条走廊的时间不超过 20 秒。美术馆最多有 100 个展览室。警察赶到的时间在 10 分钟以内。

【输出格式】

输出一个整数，即盗画者偷到的画的数量。

【输入样例】

60

7 0 8 0 3 1 14 2 10 0 12 4 6 2

【输出样例】

2

19.12 花园

【题目描述】花园（garden）

户主有一个环形的花园，他想在花园中均匀地种上 n 棵树，但是花园的土壤很特别，每个位置适合种的树都不一样，一些树可能会因为不适应所种位置的土壤而损失观赏价值。

户主最喜欢 3 种树，这 3 种树的高度分别为 10、20 和 30。户主希望这一圈树种得有层次感，所以任何一个位置的树要比它相邻的两棵树都高或者都低，并且在此条件下，户主想要你设计出一个方案，使得树的观赏价值之和最大。

【输入格式】

第 1 行为 1 个正整数 n，表示需要种的树的数量。接下来的 n 行，每行有 3 个不超过 10 000 的正整数 a_i、b_i 和 c_i，按顺时针顺序表示了第 i 个位置种高度为 10、20 和 30 的树能获得的观赏价值。

第 i 个位置的树与第 i+1 个位置的树相邻，特别地，第 1 个位置的树与第 n 个位置的树相邻。

【输出格式】

输出 1 个正整数，为最大的观赏价值和。

【输入样例】

```
4
1 3 2
3 1 2
3 1 2
3 1 2
```

【输出样例】

```
11
```

19.13 旅行计划

【题目描述】旅行计划（travel）

小光要去一个国家旅游。这个国家有 N 个城市，城市编号为 1 ~ N，并且城市之间有 M 条道路。小光准备从其中一个城市出发，只往东走到城市 i 停止。

所以小光需要选择最先到达的城市，并制定一条以城市 i 为终点的路线，使得路线上除了第 1 个城市，每个城市都在前一个城市的东面，并且在这个前提下他还希望游览的城市尽可能多。

现在，你只知道每一条道路连接的两个城市的相对位置关系，但并不知道所有城市的具体位置。你需要为小光制定一条路线，并求出以城市 i 为终点小光最多能够游览多少个城市。

【输入格式】

第 1 行为 2 个正整数 N 和 M。接下来的 M 行，每行有 2 个正整数 x 和 y，表示有 1 条连接城市 x 与城市 y 的道路，且保证城市 x 在城市 y 的西面。

【输出格式】

输出包括 N 行，第 i 行有 1 个正整数，表示以第 i 个城市为终点最多能游览的城市个数。

【输入样例】

```
5 6
1 2
```

1 3

2 3

2 4

3 4

2 5

【输出样例】

1

2

3

4

3

【样例说明】

均选择从城市 1 出发可以得到以上答案。

【数据规模】

对于 20% 的数据，$N \leqslant 100$；

对于 60% 的数据，$N \leqslant 1\,000$；

对于 100% 的数据，$N \leqslant 100\,000$，$M \leqslant 200\,000$。

19.14 垃圾井

【题目描述】垃圾井（trap）

奶牛卡门落到了垃圾井里，垃圾井是农夫们扔垃圾的地方，它的深度为 D（$2 \leqslant D \leqslant 100$）英尺（1 英尺 =30.48 厘米）。

卡门想把垃圾堆起来，等到堆得与垃圾井同样高时，就能逃出垃圾井了。另外，卡门可以吃一些垃圾来维持自己的生命。

每个垃圾都可以用来吃或堆放，并且堆放垃圾不用花费卡门的时间。

假设卡门预先知道了每个垃圾扔下的时间 t（$0 < t \leqslant 1\,000$）、每个垃圾的高度 h（$1 \leqslant h \leqslant 25$）和吃进该垃圾能维持生命的时间 f（$1 \leqslant f \leqslant 30$），求出卡门最早能逃出垃圾井的时间。假设卡门当前体内有足够维持 10 小时生命的能量，如果 10 小时内没有进食，卡门就将饿死。

【输入格式】

第 1 行为 2 个整数 D 和 G（$1 \leqslant G \leqslant 100$），$G$ 为被投入垃圾井的垃圾的数量。

第 2 到第 G+1 行，每行包括 3 个整数：t，表示垃圾被投进垃圾井中的时间；f，表示该垃圾能维持卡门生命的时间；h，表示该垃圾能垫高的高度。

【输出格式】

如果卡门可以逃出垃圾井，则输出一个整数，表示卡门最早可以逃出的时间，否则输出卡门最长可以存活的时间。

【输入样例】

20 4

5 4 9

9 3 2

12 6 10

13 1 1

【输出样例】

13

【样例说明】

卡门堆放第 1 个垃圾，height=9。

卡门吃掉第 2 个垃圾，使其生命从 10 小时延长到 13 小时。

卡门堆放第 3 个垃圾，height=19。

卡门堆放第 4 个垃圾，height=20。

19.15 重建道路

【题目描述】重建道路（path）

一场可怕的地震后，人们用 N 个牲口棚重建了农夫约翰的牧场。人们并没有时间建设多余的道路，也就是说从一个牲口棚到另一个牲口棚的道路是唯一的，因此，牧场运输系统可以被构建成一棵树。约翰想要知道下一次地震会造成多严重的破坏。有些道路一旦被毁坏，就会使一棵含有 P（$1 \leqslant P \leqslant N$）个牲口棚的子树和剩余的牲口棚分离，约翰想知道这些道路的最小数目。

【输入格式】

第 1 行有 2 个整数 N 和 P（$1 \leqslant N \leqslant 150$，编号为 1 ~ N）。第 2 ~ N 行，每行有 2 个整数 I 和 J，表示节点 I 是节点 J 的父节点。

【输出格式】

输出 1 个整数，表示一旦被破坏将分离出恰含 P 个节点的子树的道路的最小数目。

【输入样例】

11 6

1 2

1 3

1 4

1 5

2 6

2 7

2 8

4 9

4 10

4 11

【输出样例】

2

【样例说明】

如果道路 1 ~ 4 和 1 ~ 5 被破坏，则含有节点 1、2、3、6、7 和 8 的子树将被分离出来。

19.16 迎接仪式

【题目描述】迎接仪式（welcome）

为了使吃饺子更具仪式感，饺子店在每个饺子上印上字母“j”或“z”，并排成一个由“j”与“z”组成的序列来迎接食客。因为初始序列是乱的，所以最多要进行 K 次调整（当然调整次数可以不满 K 次），每次调整可以交换序列中任意两个位置上的字母，使得“jz”子字符串尽量多。

【输入格式】

第一行包含两个正整数 N 与 K，分别表示序列长度与最多交换次数。第二行包含一个长度为 N 的字符串，字符串仅由字母“j”与字母“z”组成，描述了这个序列。

【输出格式】

输出一个非负整数，为最多调整 K 次后能出现的“jz”子字符串的最多个数。

【输入样例】

5 2

zzzjj

【输出样例】

2

【样例说明】

第一次交换位置 1 上的“z”和位置 4 上的“j”，变为“jzzzj”。

第二次交换位置 4 上的“z”和位置 5 上的“j”，变为“jzzjz”。

最后的字符串中有两个“jz”子字符串。

【数据范围】

对于 10% 的数据，有 $N \leqslant 10$。

对于 30% 的数据，有 $K \leqslant 10$。

对于 40% 的数据，有 $N \leqslant 50$。

对于 100% 的数据，有 $N \leqslant 500$，$K \leqslant 100$。

19.17 棋盘制作

【题目描述】棋盘制作（chess）

小光找到了一张由 $N \times M$ 个正方形格子组成的矩形纸片，格子被涂有黑白两种颜色。小光想在这种纸片中裁剪出一部分作为新棋盘，当然，他希望这个棋盘尽可能大。

不过小光还没有决定是裁剪一个正方形的棋盘还是裁剪一个长方形的棋盘（当然，不管哪种，棋盘都必须黑白相间，即相邻的格子不同色），所以他希望可以找到最大的正方形棋盘和最大的长方形棋盘，对比一下哪个更好。

【输入格式】

第一行有两个整数 N 和 M，分别表示矩形纸片的长和宽。接下来的 N 行是一个 $N \times M$ 的 01 矩阵，表示这张矩形纸片的颜色（0 表示白色，1 表示黑色）。

【输出格式】

输出包含两行，每行包含一个整数。第一行为可以找到的最大正方形棋盘的面积，第二行为可以找到的最大长方形棋盘的面积（注意：正方形和长方形是可以相交或者包含的）。

【输入样例】

```
3 3
1 0 1
0 1 0
1 0 0
```

【输出样例】

```
4
6
```

【数据范围】

对于 20% 的数据，$N \leqslant 80$，$M \leqslant 80$。

对于 40% 的数据，$N \leqslant 400$，$M \leqslant 400$。

对于 100% 的数据，$N \leqslant 2\,000$，$M \leqslant 2\,000$。

19.18 打砖块

【题目描述】打砖块（adobe）

小光很喜欢玩一个叫打砖块的游戏，这个游戏的规则如下。

在刚开始的时候，有 n 行 m 列的砖块，小光有 k 发子弹。小光每次可以用一发子弹打碎某一列最下面的那个砖块，如图 19.6 所示，并且有相应的得分。

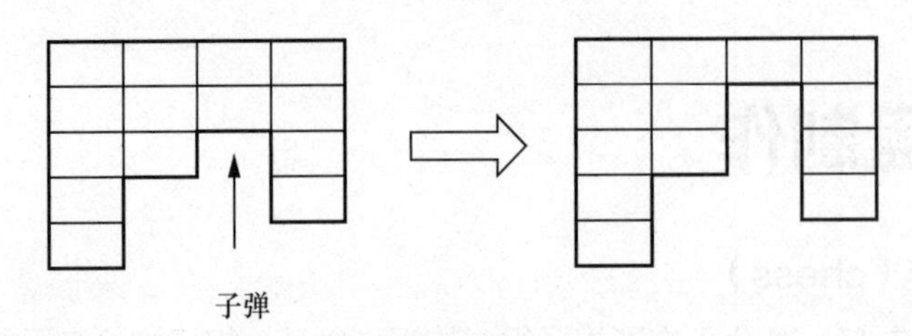

图 19.6

某些砖块被打碎以后，小光可能得到一发子弹作为奖励。当所有的砖块都被打碎了，或者小光没有子弹了，游戏结束。

在游戏开始之前，小光就已经知道每一个砖块被打碎以后的得分，并且知道能不能得到一发奖励的子弹。小光想知道在这次游戏中他可能的最大得分，你能帮帮他吗？

【输入格式】

第一行有 3 个正整数 n、m、k，表示开始的时候有 n 行 m 列的砖块，小光有 k 发子弹。接下来有 n 行，每行的格式如下：

$f_1\ c_1\ f_2\ c_2\ f_3\ c_3 \cdots f_m\ c_m$

其中，f_i 为正整数，表示在打碎这一行的第 i 列的砖块以后的得分；c_i 为一个字符，只有两种可能，Y 或者 N，Y 表示有一发子弹，N 表示没有。

所有的数与字符之间用空格隔开，行末没有多余的空格。

【输出格式】

输出一个正整数，表示最大的得分。

【输入样例】

```
3 4 2
9 N 5 N 1 N 8 N
5 N 5 Y 5 N 5 N
6 N 2 N 4 N 3 N
```

【输出样例】

```
13
```

【数据范围】

对于 100% 的数据，满足 $1 \leqslant n$，$m \leqslant 200$，$1 \leqslant k \leqslant 200$，所有的 f 值满足 $1 \leqslant f \leqslant 10\,000$。

19.19 血缘关系

【题目描述】血缘关系（relation）

我们正在研究妖怪家族的血缘关系。每个妖怪都有相同数量的基因，但是不同的妖怪的基因可能是不同的。我们希望知道任意指定的两个妖怪究竟有多少相同的基因。因为基因数量相当庞大，所以直接检测是行不通的。但是，我们知道妖怪家族的家谱，所以我们可以根据家谱来估算两个妖怪的相同基因的数量。

妖怪之间的基因继承关系相当简单：如果妖怪 C 是妖怪 A 和妖怪 B 的孩子，则妖怪 C 的任意一个基因只能继承自妖怪 A 或妖怪 B，继承妖怪 A 或妖怪 B 的基因的概率各占 50%。所有基因可认为是相互独立的，每个基因的继承关系不受别的基因影响。

现在，我们来定义两个妖怪 X 和 Y 的基因相似程度。例如，有一个家族，这个家族中有两个毫无关系（没有相同基因）的妖怪 A 和 B，及它们的孩子 C 和 D。那么妖怪 C 和妖怪 D 的基因相似程度是多少呢？因为妖怪 C 和妖怪 D 的基因都来自妖怪 A 和妖怪 B，所以从概率来说，妖怪 C 和妖怪 D 平均有 50%的相同基因，妖怪 C 和妖怪 D 的基因相似程度为 50%。需要注意的是，如果妖怪 A 和妖怪 B 存在相同的基因，那么妖怪 C 和妖怪 D 的基因相似程度就不再是 50%了。

你的任务是编写一个程序，对于指定的成对出现的妖怪，计算它们的基因相似程度。

【输入格式】

第 1 行有 2 个整数 n 和 k。n（$2 \leqslant n \leqslant 300$）表示家族中的成员数，分别用 $1,2,\cdots,n$ 来表示。k（$0 \leqslant k \leqslant n-2$）表示这个家族中有父母的妖怪的数量（其他妖怪没有父母，则可以认为它们毫无关系，即没有任何相同基因）。

接下来的 k 行，每行有 3 个整数 a、b 和 c，表示妖怪 a 是妖怪 b 和妖怪 c 的孩子。

之后的一行有 1 个整数 m（$1 \leqslant m \leqslant n^2$），表示需要计算基因相似程度的妖怪对数。

接下来的 m 行，每行有 2 个整数，表示需要计算基因相似程度的两个妖怪。

你可以认为这里给出的家谱是合法的。具体来说就是，没有妖怪会成为自己的祖先，并且你也不必担心会存在性别错乱问题。

【输出格式】

输出共 m 行。第 k 行表示第 k 对妖怪的基因相似程度。结果必须按百分比输出，有多少精度就输出多少，而且必须准确，但不允许出现多余的 0（注意：结果是 0.001 则应输出 0.1%，而不是 .1%）。具体格式参见输出样例。

【输入样例】

```
7 4
4 1 2
5 2 3
```

6 4 5
7 5 6
4
1 2
2 6
7 5
3 3

【输出样例】

0%
50%
81.25%
100%

19.20 集合方案数

【题目描述】集合方案数（num）

有 $2n$ 个数，把它们平分为集合 A 和集合 B，并保证集合 A 中第 i 小的数和集合 B 中第 i 小的数的差的绝对值至少为 k。求方案数。

【输入格式】

输入两个数，即 n 和 k（$n \leqslant 50$，$k \leqslant 10$）。

【输出格式】

输出方案数对 1 000 000 007 进行取模的值。

【输入样例 1】

2 2

【输出样例 1】

2

【样例说明】

初始集合为 {1,2,3,4}。在这种情况下，可以有以下 6 对子集：

A={1,2}，B={3,4}；

A={1,3}，B={2,4}；

A={1,4}，B={2,3}；

A={2,3}，B={1,4}；

A={2,4}，B={1,3}；

A={3,4}，B={1,2}。

其中第一对子集和最后一对子集都是有效的，其他 4 对子集无效。

【输入样例 2】

3 1

【输出样例 2】

20

19.21 基因序列

【题目描述】基因序列（GEN）ZJOI 2005

Genotype 是一个有限的基因序列，它由大写的英文字母 A ~ Z 组成，不同的字母表示不同种类的基因。一个基因可以分化成一对新的基因，这种分化被一个规则集合控制。分化的规则可以用 3 个大写字母 $A_1A_2A_3$ 表示，含义为基因 A_1 可以分化成基因对 A_2A_3。我们用 S 代表特种基因，繁殖 Genotype 是从特种基因序列开始的。根据给定的规则，对基因不断进行繁殖。例如分化规则为 SAB、BCC、CBC，则特种基因 S 繁殖成 ACBC 的过程为 S→AB，AB→ACC、ACC→ACBC。

你需要输入一个定义的规则集和一个想生成的 Genotype。对每一个给定的 Genotype，根据给定的分化规则，检查它是否能由某一个确定的特种基因序列生成，如果能，则找到最小的序列长度。

【输入格式】

第 1 行有 1 个整数 n（$1 \leqslant n \leqslant 10\,000$），下面的 n 行为分化规则。这些分化规则都由 3 个大写字母组成。接下来有一个整数 k（$1 \leqslant k \leqslant 10\,000$），下面的 k 行有一个基因序列，基因序列由没有空格的英文大写字母组成，最多有 100 个英文大写字母。

【输出格式】

有 k 行。在第 l 行为一个正整数，表示需要生成第 l 个 Genotype 的最小长度；或者为单词“NIE”，表示不能生成对应的基因。

【输入样例】

```
6
SAB
SBC
SAA
ACA
BCC
CBC
```

3

ABBCAAABCA

CCC

BA

【输出样例】

1

3

1

NIE

19.22 基因武器

【题目描述】基因武器（DNA）POJ 1795

魔法师是通过覆盖猛兽的 DNA 序列的咒语来制服猛兽的。简单来说，就是给定 n 个字符串（即 n 个猛兽的 DNA 序列），给定的字符串中包含字母 A（腺嘌呤）、C（胞嘧啶）、G（鸟嘌呤）和 T（胸腺嘧啶），魔法师构造出一个最短且字典序最小的字符串咒语，使之包括这 n 个字符串。

【输入格式】

第一行为一个整数，表示测试数据组数。每组数据的第一行为一个整数 n（$1 \leqslant n \leqslant 15$），表示有 n 个字符串。随后有 n 行字符串（1 ≤长度≤ 100），且只包含字母 A、C、G 和 T。

【输出格式】

输出格式见输出样例。

【输入样例】

1

2

TGCACA

CAT

【输出样例】

Scenario #1:

TGCACAT

19.23 压路机

【题目描述】压路机（roller）

AK 开着一台压路机从出发地前往目的地，在出发后、改变方向前后和结束前的路段需要双倍的时间。

给出 $n \times m$ 的街区地图和地图中相邻两点间所需的通行时间（边权），其中边权为 0 表示相邻两点间的道路禁止通行。求 AK 到达目的地需要的最少时间（注意：该街区内禁止在非路口的地方掉头）。

图 19.7 对应了输入样例中的第一组数据，AK 要从左上角开到右下角。如果他选择边权都是 9 的道路，则总时间为 108；而如果他选的都是边权为 10 的道路，则总时间为 100。所以选择后者更优。

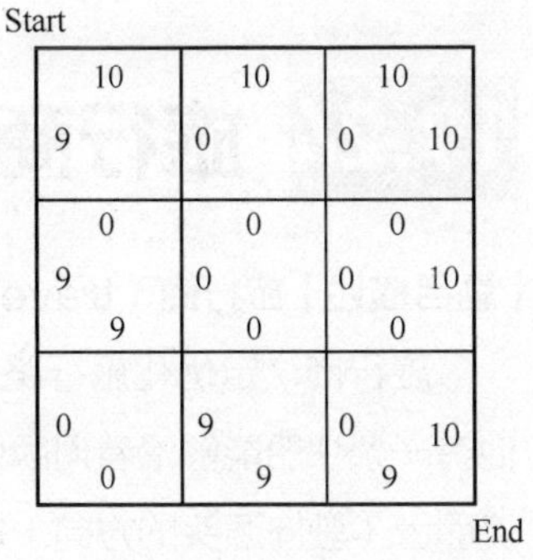

图 19.7

【输入格式】

第一行有 6 个整数 n、m、x_1、y_1、x_2 和 y_2，分别表示地图大小、起点坐标和终点坐标。接下来总共有 $2n-1$ 行：奇数行有 $m-1$ 个数，表示横向的边权；偶数行有 m 个数，表示纵向的边权。

【输出格式】

每组数据先输出数据编号（参照输出样例的格式，冒号后有 1 个空格），然后如果道路不连通则输出“Impossible”，否则输出最少时间。

【输入样例】

```
4 4 1 1 4 4
10 10 10
9 0 0 10
0 0 0
9 0 0 10
9 0 0
0 9 0 10
0 9 9
2 2 1 1 2 2
0
1 1
0
0 0 0 0 0 0
```

【输出样例】

```
Case 1: 100
Case 2: Impossible
```

【数据范围】

对于 10% 的数据，满足边权均为 1。

对于 30% 的数据，满足 $n \leqslant 10$，$m \leqslant 10$，边权为 0 或 1。

对于 60% 的数据，满足 $n \leqslant 50$，$m \leqslant 50$。

对于 100% 的数据，满足 $n \leqslant 100$，$m \leqslant 100$，$1 \leqslant x_1,x_2 \leqslant n$，$1 \leqslant y_1,y_2 \leqslant m$。

19.24 旅行商

【题目描述】旅行商（travel）

旅行商认定优化旅行路线是一个非常棘手的问题，所以他决定沿着线性的河开展他的业务。他有一条快船能够沿着河瞬间把他从任意的开始位置带到任意目的地，但是这条船很费油，它逆流而上（驶向源头的方向）每米花 U 元，顺流而下每米花 D 元（驶离源头的方向）。沿着河有 N 个展销会是旅行商感兴趣的。每个展销会只持续一天，对于任意一个展销会 X，旅行商知道：

（1）展销日期是 T_x（该日期是距旅行商买船之日的天数）；

（2）展销地点是 L_x（该地点用它与源头的距离表示，单位是米）；

（3）参加该展销会能赚到的钱是 M_x 元。旅行商开始和结束旅行的地点都是他位于河边的家 S（用它与源头的距离表示，单位为米）。

请你帮助旅行商选择他是否参加展销会，如果参加则应该以什么样的顺序参加哪些展销会才能在旅行结束时获得最多的总收益。旅行商的总收益为他参加的所有展销会的收益和，减去他在河上顺流和逆流航行的总花费。

注意：如果展销会 A 在展销会 B 之前举行并且旅行商要参加这两个展销会，那么旅行商必须先参加展销会 A，之后才能参加展销会 B。当两个展销会在同一天举行时，他可以按任意顺序参加这两个展销会。旅行商在一天之内参加的展销会的数目没有限制。但是他不能参加同一个展销会两次并在一个展销会上获得两次收益。他可以经过他已经参加过的展销会而不再获得任何收益。

【输入格式】

第一行为 4 个整数 N、D、U、S。之后的 N 行，每行有 3 个整数 Day、Pos、Val，分别表示时间、位置和权值。

【输出格式】

输出一个整数，表示答案。

【输入样例】

```
4 5 3 100
2 80 100
20 125 130
10 75 150
5 120 110
```

【输出样例】

50

【数据范围】

对于 15% 的数据，$N \leqslant 5$，Day 两两不同。

对于 50% 的数据，Day 两两不同。

对于 100% 的数据，$N \leqslant 2\,000$，Day $\leqslant 5 \times 10^5$，Pos $\leqslant 5 \times 10^5+1$，Val $\leqslant 4\,000$，$U \leqslant 10$，$D \leqslant 10$。

输入样例中给出的所有地点都是不同的，没有两个展销会在同一个地点举行，也没有展销会在旅行商的家的位置举行。

19.25 二叉苹果树

【题目描述】二叉苹果树（tree）NOI 2000

有一棵苹果树，如果树枝有分叉，则一定是分 2 叉（也就是说没有只有 1 个子节点的节点）。这棵苹果树共有 N 个节点（叶节点或者树枝分叉节点），编号为 1 ~ N，树根编号一定是 1。

我们用一根树枝两端连接的节点的编号来描述一根树枝的位置。图 19.8 所示是一棵有 4 根树枝的苹果树。

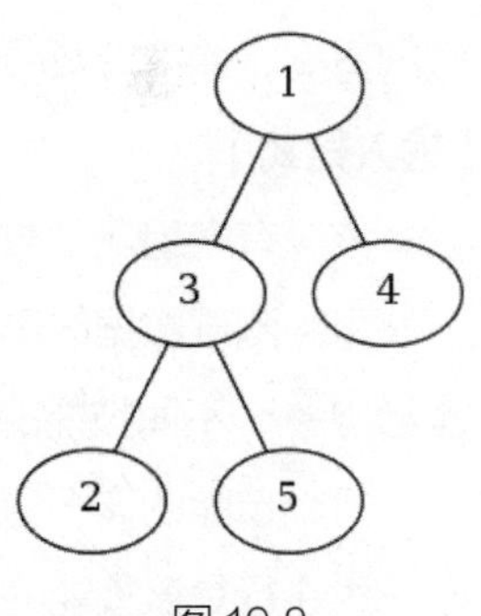

图 19.8

现在这棵苹果树的树枝太多了，需要剪枝，但是一些树枝上长有苹果。

给定需要保留的树枝数量，求出最多能留住多少个苹果。

【输入格式】

第 1 行有 2 个数 N 和 Q（$1 \leqslant Q \leqslant N$，$1 < N \leqslant 100$），$N$ 表示苹果树的节点数，Q 表示要保留的树枝数量。接下来的 N-1 行用来描述树枝的信息。每行有 3 个整数，前 2 个整数是树枝连接的节点的编号，第 3 个整数是这根树枝上苹果的数量。

每根树枝上的苹果不超过 30 000 个。

【输出格式】

输出 1 个数，即最多能留住的苹果的数量。

【输入样例】

```
5 2
1 3 1
1 4 10
2 3 20
```

3 5 20

【输出样例】

21

19.26 技能树

【题目描述】技能树（skill）TJU 1053 浙江省 2004 组队赛第二试

科技源可以看成一棵技能树，这棵技能树的每个节点都是一项技能，要学会这些技能则需要耗费一定的技能点数。

只有学会了某项技能以后，才能继续学习它的后继技能。每项技能又有不同的级别，级别越高效果越好，而技能的升级也需要耗费技能点数。

现在某人已有一定的技能点数，他想尽可能地利用这些技能点数来达到最好的效果。因此他给所有的级别都打上了分，他认为效果越好的分数就越高。现在他要你帮忙寻找一个分配技能点数的方案，使得分数总和最高。

【输入格式】

该题有多组测试数据。

每组测试数据的第 1 行是 1 个整数 n（$1 \leqslant n \leqslant 20$），表示所有不同技能的总数。 接下来依次给出 n 个不同技能的详细情况。

每个技能的详细情况包括 5 行。

第 1 行是该技能的名称。

第 2 行是该技能的父技能的名称，名称为 None（以空行表示）则表示该技能不需要任何先修技能就能学习。

第 3 行是一个整数 L（$1 \leqslant L \leqslant 20$），表示这项技能所能拥有的最高级别。

第 4 行共有 L 个整数，其中第 I 个整数表示从第 $I-1$ 级升到第 I 级需要的技能点数（0 级表示没有学习过）。

第 5 行包括 L 个整数，其中第 I 个整数表示从第 $I-1$ 级升级到第 I 级的效果评分，分数不超过 20。

技能详细情况之后共有 2 行。第 1 行是一个整数 P，表示目前拥有的技能点数。 第 2 行是 N 个整数，依次表示角色当前习得的技能级别，0 表示还未学习。这里不会出现非法情况。

【输出格式】

输出最佳分配方案所得的分数总和。

【输入样例】

3

Freezing Arrow

Ice Arrow
3
3 3 3
15 4 6
Ice Arrow
Cold Arrow
2
4 3
10 17
Cold Arrow
3
3 3 2
15 5 2
10
0 0 1

【输出样例】

42

19.27 骑士

【题目描述】骑士（knight）ZJOI 2008

每个骑士有且仅有一个他自己最厌恶的骑士（当然不是他自己），他是绝对不会与自己最厌恶的人一同出征的。

现在要从所有骑士中选出骑士组成一个骑士军团，使得骑士军团内没有有矛盾的两人，即不存在一个骑士与他最厌恶的骑士一同被选入骑士军团的情况，并且使这个骑士军团最富有战斗力。

为描述战斗力，我们将骑士按照 1 至 N 编号，给每个骑士估计一个战斗力，一个骑士军团的战斗力为所有骑士的战斗力之和。

【输入格式】

第一行包含一个正整数 N（$N \leqslant 10^6$），描述骑士军团的人数。接下来的 N 行，每行有两个正整数，按顺序描述每个骑士的战斗力（不大于 10^6 的正整数）和他最厌恶的骑士的编号。

【输出格式】

输出一个整数，表示选出的骑士军团的战斗力。

【输入样例】

3

10 2

20 3

30 1

【输出样例】

30

19.28 猛兽动物园

【题目描述】猛兽动物园（zoo）APIO 2007

猛兽都被关在动物园里，动物园的每个围栏里都有一种动物。有 K 个小朋友站在大围栏的外面，他们可以看到连续的 5 个围栏。每个小朋友都有喜欢和害怕的动物。下面两种情况之一发生时，小朋友就会高兴：至少有一个他害怕的动物被移走，至少有一个他喜欢的动物没被移走。

你可以选择将一些动物从围栏中移走，以使小朋友不会害怕。但你不能移走所有的动物，否则小朋友们就没有动物可看了。

例如，考虑图 19.9 中的小朋友和围栏的位置。

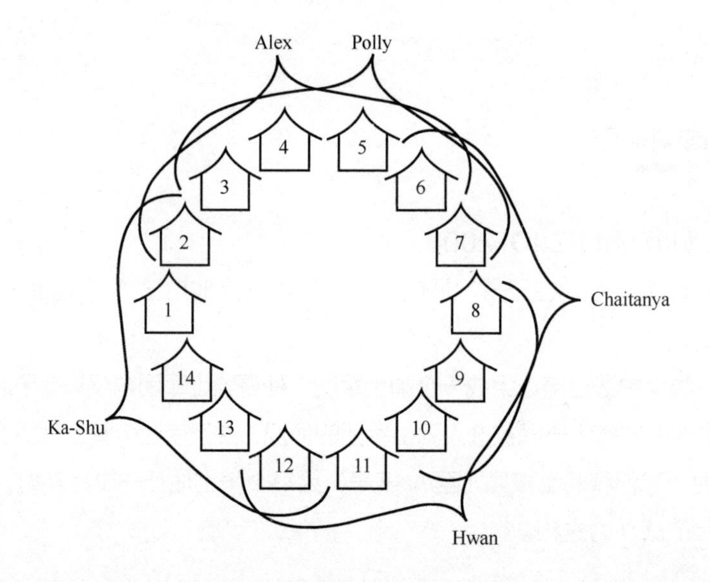

小朋友	可见的围栏	害怕的动物所在的围栏	喜欢的动物所在的围栏
Alex	2，3，4，5，6	4	2，6
Polly	3，4，5，6，7	6	4
Chaitanya	6，7，8，9，10	9	6，8
Hwan	8，9，10，11，12	9	12
Ka-Shu	12，13，14，1，2	12，13，2	-

图 19.9

假如你将围栏 4 和围栏 12 的动物移走，Alex 和 Ka-Shu 将很高兴，因为至少有一个他们害怕的动物被移走了。这也会使 Chaitanya 高兴，因为他喜欢的围栏 6 和围栏 8 中的动物都被保留了。但是，Polly 和 Hwan 将不高兴，因为他们看不到任何他们喜欢的动物，而他们害怕的动物都还在。这种安排方式会使得 3 个小朋友高兴。

现在，换第 2 种方法。如果你将围栏 4 和围栏 6 中的动物移走，Alex 和 Polly 将很高兴，因为他们害怕的动物被移走了。Chaitanya 也会高兴，虽然他喜欢的动物被移走了，但他仍可以看到围栏 8 里面他喜欢的动物。同样地 Hwan 也会因可以看到自己喜欢的动物而高兴。唯一不高兴的只有 Ka-Shu。

第 3 种方法是只移走围栏 13 中的动物，Ka-Shu 将高兴，因为有一个他害怕的动物被移走了。Alex、Polly、Chaitanya 和 Hwan 也会高兴，因为他们都可以看到至少一个他们喜欢的动物。所以 5 个小朋友都会高兴。这种方法可以使得最多的小朋友高兴。

【输入格式】

第 1 行包含两个整数 N、C，用空格分隔。N 是围栏数（$1 \leqslant N \leqslant 10\,000$），$C$ 是小朋友的个数（$1 \leqslant C \leqslant 50\,000$）。围栏按照顺时针的方向编号，依次为 $1,2,3,\cdots,N$。

接下来的 C 行，每行用于描述一个小朋友，描述的形式如下：

$E\ F\ L\ X_1\ X_2 \cdots X_F Y_1\ Y_2 \cdots\ Y_L$

其中，E 表示小朋友可以看到的第一个围栏的编号（$1 \leqslant E \leqslant N$），也就是说，小朋友可以看到的围栏为 E、E+1、E+2、E+3、E+4。注意：如果编号超过 N，则将继续从 1 开始算。例如，当 N=14、E=13 时，小朋友可以看到的围栏为 13、14、1、2 和 3。

F 表示小朋友害怕的动物数。L 表示小朋友喜欢的动物数。围栏 $X_1X_2 \cdots X_F$ 中包含该小朋友害怕的动物。围栏 $Y_1Y_2 \cdots Y_L$ 中包含该小朋友喜欢的动物。

$X_1\ X_2 \cdots X_F Y_1\ Y_2 \cdots Y_L$ 是两两不同的数，而且表示的围栏都是小朋友可以看到的。

小朋友已经按照他们可以看到的第一个围栏的编号从小到大排好了（这样最小的 E 对应的小朋友排在第一个，最大的 E 对应的小朋友排在最后一个）。注意：可能有多个小朋友对应的 E 是相同的。

【输出格式】

输出一个数，表示最多可以让多少个小朋友高兴。

【输入样例 1】

```
14 5
2 1 2 4 2 6
3 1 1 6 4
6 1 2 9 6 8
8 1 1 9 12
12 3 0 12 13 2
```

【输出样例 1】

5

【输入样例 2】

127

11115

51157

503579

71179

911911

9309111

1111111

【输出样例 2】

6

【样例说明】

第一个样例是题目描述中的例子，所有的小朋友都能高兴。第二个样例是一个不能使得所有小朋友都高兴的例子。